— 让少年看懂世界的第一套科普书 —

从一∞到无穷大

数字时空与爱因斯坦

[美]乔治·伽莫夫 著

陈炳丞 刘潇潇 译

中国妇女出版社

图书在版编目（CIP）数据

从一到无穷大. 数字时空与爱因斯坦 ／（美）乔治·
伽莫夫（George Gamow）著；陈炳丞，刘潇潇译. —— 北
京：中国妇女出版社，2020.3（2022.8重印）
（让少年看懂世界的第一套科普书）
书名原文：One, two, three—infinity
ISBN 978-7-5127-1793-0

Ⅰ.①从… Ⅱ.①乔…②陈…③刘… Ⅲ.①自然科
学－青少年读物 Ⅳ.①N49

中国版本图书馆CIP数据核字（2019）第249567号

从一到无穷大——数字时空与爱因斯坦

作　　者：	[美]乔治·伽莫夫 著　　陈炳丞 刘潇潇 译
责任编辑：	应 莹 张 于
封面设计：	尚世视觉
责任印制：	王卫东
出版发行：	中国妇女出版社
地　　址：	北京市东城区史家胡同甲24号　　邮政编码：100010
电　　话：	（010）65133160（发行部）　　65133161（邮购）
网　　址：	www.womenbooks.cn
法律顾问：	北京市道可特律师事务所
经　　销：	各地新华书店
印　　刷：	三河市祥达印刷包装有限公司
开　　本：	170×240　1/16
印　　张：	13
字　　数：	116千字
版　　次：	2020年3月第1版
印　　次：	2022年8月第3次
书　　号：	ISBN 978-7-5127-1793-0
定　　价：	38.00元

编者的话

科技兴则民族兴，科技强则国家强。2018年5月28日，习近平总书记在两院院士大会上指出："我们比历史上任何时期都更接近中华民族伟大复兴的目标，我们比历史上任何时期都更需要建设世界科技强国！"这一号召强调了建设科技强国的奋斗目标，为鼓励青少年不断探索世界科技前沿，提高创新能力指明了方向。

"让少年看懂世界的第一套科普书"是一套适合新时代青少年阅读的优秀科普读物。作者乔治·伽莫夫是享誉世界的核物理学家、天文学家，他一生致力于科学知识的普及工作，并于1956年荣获联合国教科文组织颁发的卡林加科普奖。本套丛书选取的是伽莫夫的代表作品《物理世界奇遇记》《从一到无穷大》。这两部作品内容涵盖广泛，包括物理学、数学、天文学等方方面面。伽莫夫通过对一个个奇幻故事的科学分析，将深奥的科学知识与生活场景巧妙地结合起来，让艰涩的科学原理变得简单易懂。出版近八十年来，这两部作品对科普界产生了巨大的影响，爱因斯坦曾评价他的书"深受启发""受益良多"。直至今日，《物理世界奇遇记》《从一到无穷大》依然是众多科学家、学者的科学启蒙书。因此，我们希望通过这套丛书的出版，让青少年站在科学巨匠的肩膀上，学习前沿科学知识，提升科学素养。

本套丛书知识密度较高，囊括大量科学原理和概念，考虑到青少年的阅读习惯和阅读特点，我们在编辑过程中将《从一到无穷大》《物理世界奇遇记》的内容进行了梳理调整和分册设计。在保留原书原汁原味内容的基础上，推出《从一到无穷大——数字时空与爱因斯坦》《从一到无穷大——微观宇宙》《从一到无穷大——宏观世界》《物理世界奇遇记》四分册，根据内容重新绘制了知识场景插图，补充了阅读难点、知识点注释。除此之外，我们对每册书中涉及的主要人物和主要理论在文前进行介绍，为孩子搭建"阅读脚手架"，让孩子以此为"抓手"在系统阅读中领悟自然科学的基本成就和前沿进展，帮助孩子拓展知识，培养科学思维，建立科学自信，拥有完善的科学体系。

由于写作年代的限制，当时科学还没有发展到现在的地步，本丛书的内容会存在一定的局限性和不严谨的问题，比如，书中的"大爆炸"理论至今在学界还存在着较大争议，并不是一个定论，对于这部分内容的阅读，小读者需保持客观态度；有些地方有旧制单位混用和质量、重量等物理量混用的现象。我们在保证原书内容完整的基础上，做了必要的处理。

我们尽了最大的努力进行编写，但难免有不足的地方，还请读者提出宝贵的意见和建议，以帮助我们更好地完善。

第一版作者前言

原子、恒星和星云是如何构成的？什么是熵和基因？空间是否能够发生弯曲？火箭在飞行时变短的原因又是什么？这些问题正是我们要在这本书中进行讨论的，除此之外，这本书中还有很多有意思的事物等着我们去发现。

我之所以要写这本书，是想把现代科学中最有价值的事实和理论都收集起来，按照宇宙在现代科学家脑海里呈现的模样，从微观和宏观两个方面为读者描绘一幅关于宇宙的全景图。在推进这项计划时，我并不想面面俱到地把各种问题都解释清楚，因为这样做一定会把这本书变成一部百科全书。但是，我还是会努力将讨论的各种问题在整个基本的科学知识领域内进行覆盖，尽力不留下死角。

我在选择写进书中的问题时，是按照这个问题是否重要有趣，而不是是否简单来选择的，因此会出现一些问题简单、一些问题复杂的情况。书中有的章节非常简单易懂；有的章节很复杂，需要多思考、集中精力才能明白。但我还是希望那些还没有进入科学大门的读者也能较为轻松地读懂这本书。

大家会发现，本书的"宏观世界"部分的篇幅要远远短于"微观宇宙"，这是因为宏观世界中的诸多问题已经在我的另两部作品《太阳的生和死》《地球自传》中详细地讨论过了。因此为了避免重复太多使读者感到厌烦，在这本书中就不赘述了。在"宏观世界"这一部分中，我只会简单地提一下行星、恒星和星云世界中的各种物理事实，以及它们运行的物理规律。只有对那些在最近的三五年中，因科学的发展而取得新成果的问题，才进行更详细的论述。根据这个想法，我特别重视以下两个方面的新进展：一是最近提出的观点，巨大的恒星爆发（也就是超新星）是由物理学中目前知道的最小的粒子（中微子）引起的；二是新的行星系形成的理论，这个理论不再是过去科学家普遍认为的行星是由太阳和某个恒星撞击而诞生的，而是重新确立了康德和拉普拉斯的那个快要被人忘却的旧观点——各行星是由太阳创造的。

我需要感谢那些用拓扑学变形法作画的画家和插画师，他们的作品让我受到了很大的启迪，变成这本书插图的基础。我还要提一下我的朋友玛丽娜·冯·诺依曼，她曾经非常自信地说，在很多问题上她比她杰出的父亲更明白。当然，在数学问题上，她只能和她的父亲不相上下。她在阅读这本书原稿中的一些章节后，对我说书中的一些内容对她也有启发。我原本是想把这本书写给我刚满12岁、只想当个牛仔的儿子伊戈尔，以及和他差不多大的孩子看的，但听了玛丽娜的话后，我反复考虑决定不局限读者对象，而最终写成现在这个样子。因此，我要尤其感谢她。

乔治·伽莫夫

1946年12月1日

1961 年版作者前言

　　几乎所有的科学著作在出版几年之后就会跟不上时代的步伐，特别是那些正在迅速发展的科学分支学科的作品。这样说来，我的这部《从一到无穷大》是在13年前出版的，至今还可以一读，很是幸运。这本书是在科学有了重大进展后出版的，并且当时的进展都被收录在书中，所以再版时只需要进行一些适当的修改和补充，它还是一本不过时的书。

　　近年来，科学上的一个重大进展是可以通过氢弹中的热核反应释放出大量的原子核能，并且正在缓慢地稳步前进，最终达到通过受控热核过程对核能进行和平利用的目标。由于在本书的第一版第十一章中已经讲过热核反应的原理和它在天体物理学中的应用，因此本次修订仅在第七章末尾补充了一些新的资料，来讲述科学家要达到这一目标的过程。

　　书中还有一些变动是由于利用加利福尼亚州帕洛玛山上的口

径200英寸的海尔望远镜得到了一些新的数据，因此把宇宙的年龄进行了修改，从二三十亿年延长至五十亿年以上，同时对天文距离的尺度也进行了修正。

生物化学的研究也有新的进展，因而我重新绘制了图101，并把图示也进行了修改；在第九章结尾处补充了一些和合成简单的生命有机体有关的新资料。在第一版中，我曾这样写道："没错，在活性物质与非活性物质之间，一定有一个过渡。如果某一天——也可能就在不远的未来，一位杰出的生物化学家通过使用普通的化学元素制造出一个病毒分子，那么他完全可以向世界宣称：'我刚才给一个没有生命的物质加入了生命的气息！'"事实上，几年前的加利福尼亚州已经实现了这一课题，读者可以在第九章结尾处看到关于它的介绍。

还有一个变动是：我曾在本书的第一版中提到我的儿子伊戈尔想要当个牛仔，之后我就收到了很多读者来信询问他是否真的变成了牛仔。我想说：没有！他现在正在上大学，学习生物学专业，明年夏天毕业，并且在毕业后希望能在遗传学方面进行研究工作。

乔治·伽莫夫

1960年11月于科罗拉多大学

主要人物
DOMINATING FIGURE

欧几里得

（约前330～约前275）

古希腊数学家。他的著作《几何原本》，是世界上最早的公理化数学著作，对后世的数学和科学发展有非常巨大的影响。这本书将前人的研究成果进行了总结，从定义、公理和公设出发，用演绎法建立几何命题。书中还对整数论的许多成果进行论述，提出欧几里得算法。

阿基米德

（前287～前212）

古希腊哲学家、数学家、物理学家。他出生在叙拉古，幼年时被父亲送去亚历山大城，跟随许多著名的数学家学习，包括几何大师——欧几里得。他发现了杠杆定理和阿基米德定律，并且确定了重心的概念，提出精确确定物体重心的方法。他还确定了许多物体的表面积和体积的计算方法，设计了多种机械和建筑物。他的主要著作有《论浮体》《论球体和圆柱体》《圆的测量》等。

伽利略

(1564～1642)

意大利物理学家、天文学家、实验物理学的先驱。他通过实验建立了"落体定律"，推翻了亚里士多德的"物体落下的速度和重量成比例"的学说。他发现了物体的惯性定律、摆振动的等时性、抛体运动规律，确定了力学相对性原理。他利用望远镜观察天体，有力地证明了哥白尼的日心说。

笛卡儿

(1596～1650)

法国哲学家、物理学家、数学家和生物学家。他在物理学、哲学、天文学和数学方面均有贡献。1637年，他发表了《几何学》，创立了平面直角坐标系，成为解析几何的创始人。同年，他发表了著名的《正确思维和发现科学真理的方法论》，留下了"我思故我在"的名言。

费马

(1601~1665)

法国数学家、律师。他是解析几何学的创始人，主要研究概率论、数论、几何学和光学。他独立于笛卡儿发现了解析几何的基本原理，建立了球切线、求极大值和极小值以及定积分方法，在牛顿和莱布尼茨之前为微积分的发明做了奠基性工作。他提出了费马大定理，在300多年后，于1995年被英国数学家安德鲁·怀尔斯证明。

欧拉

(1707~1783)

瑞士数学家、力学家、天文学家、物理学家。他不但在数学上做出巨大贡献，还把数学应用到了几乎整个物理领域。他编写了大量的力学、分析学、几何学、变分法的教材，《无穷小分析引论》《微分学原理》《积分学原理》都是数学中的经典著作。他晚年双目失明，但仍没有放弃研究和论述。

迈克尔孙

(1852～1931)

美国物理学家。他生于德国，后随父母移居美国。他在光学研究方面做出了贡献，创造了迈克耳孙干涉仪。1887年，他和美国化学家、物理学家莫雷利用干涉仪进行实验，也就是著名的迈克耳孙—莫雷实验，这个实验否定了以太的存在，为相对论的建立打下了基础。1926年，他利用多面旋镜法较为精准地测定了光的速度，并著有《光速》。

阿尔伯特·爱因斯坦

(1879～1955)

物理学家。他出生于德国，1933年受到纳粹的迫害后移居美国，入美国籍。他在物理学的多个领域都有巨大的贡献，其中最重要的贡献是建立了狭义相对论，并在这个基础上建立了广义相对论，提出了光量子的概念，于1921年获得诺贝尔物理学奖。爱因斯坦开创了现代科学技术新纪元，被公认为是继伽利略之后最伟大的物理学家。

主要理论
DOMINATING THEORY

哥德巴赫猜想

哥德巴赫猜想是数论中著名的问题之一，是由德国数学家哥德巴赫在1742年给欧拉的信中提出的。这个猜想包括两个命题：（1）每个大于2的偶数都是两个素数之和；（2）每个大于5的奇数都是三个素数之和。实际上哥德巴赫猜想就是要证明命题"1＋1"。20世纪以来，世界上的数学家先后证明了"9+9""2+2""1+5""1+3"等。1996年我国数学家陈景润证明了"1+2"，也就是任何一个充分大的偶数都可以表示成为一个素数与另一个素因子不超过2个的数之和，陈景润的证明被称为"陈氏定理"。

费马大定理

费马大定理也叫"费马猜想""费马最终定理"，是数论中的著名问题之一。这个猜想是法国数学家费马在1637年提出的，他认为当n＞2时，方程$x^n+y^n=z^n$，除了xyz=0之外，没有其他整数解。300多年来，众多数学家接力猜想辩证，终于在1995年，由英国数学家怀尔斯证明出来。

拓扑学

拓扑学是数学的一门分支学科，主要研究几何图形在一对一的双方连续变换下保持不变的性质。比如哥尼斯堡七桥问题、多面体的欧拉定理、四色问题都是拓扑学发展史中的重要问题。20世纪以来，拓扑学迅速发展，已经成为现代数学的重要组成部分。拓扑学有一般拓扑、代数拓扑和微分拓扑等分支。

欧拉定理

欧拉定理得名于瑞士数学家欧拉，被认为是数学世界中最美妙的定理之一。这个定理的内容是：如果一个凸多面体的顶点数是 v，棱数是 e，面数是 f，那么它们总有这样的关系：$v+f-e=2$。其中 $v+f-e$ 是欧拉示性数，已成为"拓扑学"的基础概念。

四维空间

四维空间又称"四度空间""四度时空""四维宇宙"等，是由德国数学家闵可夫斯基首先提出的，也被叫作"闵可夫斯基时空"。它的主要含义是由一般的三维空间和时间组成的总体。也就是说，要确定一个物理事件，必须同时使用三个空间坐标和一个时间坐标，这四个坐标组成的就是"四维空间"。

数论

数论是纯粹数学的分支，是研究整数性质的一门数学分科，高斯称数论为"数学中的皇冠"。按照研究方法进行划分，数论可分为初等数论、代数数论、解析数论和数的几何等。在我国近代，数论也是发展最早的数学分支之一，华罗庚、陈景润、潘承洞等都是一流的数论专家。

目录
CONTENTS

 和数字做游戏

空间、时间和爱因斯坦

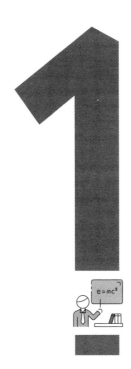

大数字

CHAPTER 1

你能数到几

在古代，人们并不知道这种简单的"科学记数法"，它是由在距今不到 2000 年的某位不知叫什么的印度数学家发明出来的。在这个伟大发明(尽管我们常常意识不到它的伟大)出现之前，人们表示每一数位上的数字的方法是反复书写对应的符号。

>>> **数数字游戏**

有一个故事，讲的是两个匈牙利贵族做数数字游戏。两个匈牙利人比赛，谁说出的数字大谁就获胜。

"好啊，"其中一个说，"你先来！"

另一个苦思冥想，终于说出了他所知道的最大的数字："3！"

现在又轮到前一个人开动脑筋，一刻钟的纠结后，他说："你赢了！"

当然了，这两位贵族老爷的智力都不太发达，况且这很可能就是一个讽刺小故事。然而这样的对话如果发生在原始部落中，却是毫不惊奇的，有不少探险家已经证实，在原始时期，并不存在比3大的数字。如果你问某个原始人，他有几个儿子或是杀死过几个敌人，要是这个数字大于3，他就会告诉你："很多个。"所以说单就数数这项本领而言，这些部落战士会败在幼儿园小孩手下，因为孩子们可以从1足足数到10呢！

现在，我们早已习以为常的是，我们想写多大的数字就可以写多大——如果把战争经费用"分"来表示，或是把天体间的距离用"英寸"（1英寸约为2.54厘米，长度差不多是一枚一元硬币的直径）来表示，如此种种大数——只要在一个不是零的数字后面接上一串零就好了。你可以一直写下去，直到手腕发酸为止。这样，尽管已知宇宙中所有原子的总数目已经很大，为300,000,000,000,000,000, 000,000,000,000,000,000,000,000,000, 000,000,000,000,000,000,000,000,000，你还是可以写出比这更大的数字来。

而且这个数字还可以改写得更短，即3×10^{74}，其中10右上角小一点儿的数字"74"表示3后面有74个0；换句话说，意味着3要乘以74次10。

但是在古代，人们并不知道这种简单的"科学记数法"，它是由在距今不到2000年的某位不知叫什么的印度数学家发明出来的。在这个伟大发明（尽管我们常常意识不到它的伟大）出现之前，人们表示每一数位上的数字的方法是反复书写对应的符号。例如，8732由古埃及人写来是：

在恺撒大帝时期，人们会用以下方式记录数字：

MMMMMMMMDCCXXXII

（8个M=8000、1个D=500、2个C=200、3个X=30、2个I=2）

后一种表示法你一定比较熟悉，因为这种罗马数字现在还能派上用场——表示书籍的卷数、章数，各种表格的行数、列数等。不过古代用到的数很难超过几千，因此也没发明比千位更高数位的表示符号。

一个古罗马人，无论他在数学上多么训练有素，如果让他写"一百万"，他也一定会不知所措。他所能用到的最好的办法，也只是一个又一个地写下1000个"M"，这可要写上几个小时（图1）。

图1　恺撒大帝时期，古罗马人尝试用罗马数字写"一百万"，
而墙上的板子大概连"十万"也写不下

在古人的想法里，那些很大的数目，如天上的星星有多少颗、海里的鱼有多少条、岸边的沙子有多少粒，都是"不计其数"的，就像"5"这个数字对原始人来说也是"不计其数"的，只能说成"很多个"。

阿基米德（前287～前212）

古希腊哲学家、百科式科学家、数学家、物理学家，静态力学和流体静力学的奠基人。被我们熟知的是他提出的浮力公式，后来被称为阿基米德原理。他在数学和天文学上同样有很大的成就，一生有多部著作，如《论球体和圆柱体》《论浮体》等。

叙拉古

古希腊的一个城邦，位于意大利西西里岛东南部。因其地处东西地中海及意大利和北非的交通要道上，很快成为地中海的一个重要城市。

>>> 阿基米德与沙子

阿基米德是公元前3世纪家喻户晓的大科学家，他曾经竭尽全力，创造出了书写巨大数字的方法。他在论述《计沙法》中这样写道：

有人认为，无论是在**叙拉古**，还是在整个西西里岛，抑或是在世界上任何一个地方，沙子的数目都是数不清的。

也有人认为，这个数目

不是无穷的，但是却没有人能够表达出比地球上沙粒数目还要大的数字。

显然，持有这种观点的人会非常肯定地说，如果把地球想象成一个大沙堆，并用沙子填满海洋和洞穴，一直填到与最高的山峰一样高，那就无法表示堆起来的沙子的总数。

但是，我要告诉大家，用我的方法，不但能把占地球那么大地方的沙子的数目表示出来，甚至能把占据了整个宇宙空间的沙子总数表示出来。

在这篇著名论述中，阿基米德提出的方法和现代科学中表达大数字的方法很类似。

当时古希腊算术中最大的单位是"万"，阿基米德从"万"入手，引进新的单位"万万"（亿）作为第二阶单位，然后是"亿亿"作为第三阶单位，"亿亿亿"作为第四阶单位，等等。

现如今写个大数字已经是不值一提的小事了，没有必要长篇大论。但是在阿基米德那个时代，科学很落后，能够创造出表达大数字的方法，从而推动数学前进一大步，这是一个划时代的伟大发明。

阿基米德首先需要知道宇宙有多大，才能进一步计算填满宇宙需要的沙子总数。

阿里斯塔克是来自萨摩斯岛的著名天文学家，他和阿基米德是同一个时代的人。当时的观点认为宇宙是一个嵌有星星的水晶球。

从地球到宇宙尽头的距离为**10,000,000,000斯塔迪姆**，即约为1,000,000,000英里（1,609,344,000千米）。

阿里斯塔克（约前315～约前230）

古希腊著名天文学家，他是最早提出日心说的人，也是最早测定太阳和月球对地球距离的近似比值的人。

斯塔迪姆

古希腊的长度单位。1斯塔迪姆为606英尺6英寸，约为188米。

阿基米德把代表宇宙的水晶球和沙粒的大小进行对比，并用能吓坏小学生的一系列超大数字进行了演算，最后他得出了结论：

很明显，根据阿里斯塔克的理论，水晶球里能装填的沙子的总数，不会大于一千万个第八阶单位。

用我们现在的数学表示法，将一千万个第八阶单位表示为：

一千万	第二阶	第三阶	第四阶
（10,000,000） ×	（100,000,000） ×	（100,000,000） ×	（100,000,000）

第五阶	第六阶	第七阶	第八阶
（100,000,000） ×	（100,000,000） ×	（100,000,000） ×	（100,000,000）

也可以简写成：

10^{63}（即在1的后面有63个零）。

科学的落后限制了阿基米德等人的想象力，阿基米德所认为的宇宙半径，远远小于现代科学技术观测得到的结论。10亿英里，也只比太阳到土星的距离稍远一点儿。

在以后的章节中我们能学到，通过望远镜观测，宇宙的边缘是在5,000,000,000,000,000,000,000英里（约为8.05×10^{21}千米）的地方，至少需要超过10^{100}粒（即1后面有100个0）沙子才能填满这个巨大的宇宙空间。

这个数字远远大于前面提到过的宇宙间的原子总数3×10^{74}，这是因为宇宙实际上是非常空旷的，空间中并没有塞满原子，平均一下，1立方米的空间中只有1个原子。

现如今，大数字随手可得，不用去搞用沙子填宇宙这类的麻烦事。生活中一些看起来普普通通的问题，往往可能包含了比较大的数字，甚至你事前可能都不会想到能遇到这么大的数字。

>>> 麦子问题

古印度的舍罕王手下有个很聪明的宰相叫西萨·班·达依尔，传说这个宰相发明了国际象棋。舍罕王非常欣赏这个臣子，想要重赏他，然而这位精明的宰相却让他的国王吃了大数字的亏（图2）。

宰相对舍罕王说："王啊，请您在这张棋盘的第一个小格内，赏给我1粒麦子，在第二个小格内赏给我2粒，第三格内赏给我4粒，照这样下去，每一小格内的麦子数都比前一小格加一倍。我的国王啊，就请您把能摆满64个小格棋盘的麦子都赏给臣吧！"

舍罕王一听，暗自窃喜，本来以为宰相会狮子大开口，没想到只是这么点儿要求。舍罕王说："你的需求不在话下，我现在就能满足你。来人，拿麦子来，现在就开始数。"

然而事情的发展超乎了所有人的想象，舍罕王很快就发现自己上当了。士兵扛来了一袋又一袋的麦子，却好像永远也不能满足宰相的要求，小小的棋盘就像一个无底洞，怎么都填不满。很快舍罕王就意识到，全印度的粮食都无法满足宰相的要求，因为这需要18,446,744,073,709,551,615粒麦子。

这简直是一个天文数字。

在代数学中，有一些数列中的每一个数都是前一个数的某个不变的倍数，这个倍数我们称为数列的公比，这样的数列我们称为几何级数或是等比数列，上面这个例子中涉及的数列就是一个公比为2的等比数列。

在高中数学课本里，会有专门的章节讲解这一类数列以及数列各项的和。这里我们不做过多赘述，直接给出上面例子中数列各项之和为（$2^{64}-1$）/（$2-1$）$=2^{64}-1$，写出结果就是18,446,744,073,709,551,615。

对于当时的人们来说，这已经相当于一个天文数字了。当时盛行的计量单位是**蒲式耳**，1美蒲式耳和现在的35.2升差不多，含有约5,000,000粒小麦。

蒲式耳

英美的容量单位，用来计量谷物，1美蒲式耳约为35.2升，1英蒲式耳约为36.37升。

因此要满足宰相的要求，需要给他4万亿蒲式耳的小麦，相当于全世界2000年的产量！

舍罕王这才意识到宰相给自己挖了一个填不完的大坑。而历史并没有因为这件事发生大的改变，我猜想那个舍罕王并没有忍气吞声地还债，很可能果断地砍掉了宰相的脑袋借机一劳永逸。

图 2　西萨·班·达依尔宰相向国王请求赏赐

>>> 世界末日问题

还有一个和"世界末日"有关的大数字故事，同样来自发明了数字的古印度。在《数学拾零》中，历史学家鲍尔对这个故事进行了叙述：

印度北部的贝拿勒斯（现为瓦拉纳西）是印度教的圣地，被称为"世界中心"。在圣地的圣庙里有一个插着3根宝石针的黄铜板。每根针有20英寸（约50.8厘米）高，小拇指般粗细。

据说印度教的主神梵天在创世时，把64片金片按从大到小的顺序自下而上放在了一根针上，金片和针就成了梵塔。

梵天还制定了一个法则：一次只能动一片金片，并且小金片只能在大金片的上面。所有64片金片都被移动到另一根针上时，世界会在瞬间灰飞烟灭，所有东西都会同归于尽。根据这个法则，值班的僧侣昼夜不分地移动着金片。

我们把这个故事简化一下画成了图3。若是拿纸板代表金片，用钉子代表针，在家也能做出这样一个实验装置。

图3　一个僧侣坐在大佛像前，全神贯注地解决"世界末日"
的数学难题。为了简便，这里并没有画出64片金片

依照数学规律很快就能看出，每移动一次金片都要比上一次移动增加一倍的次数，第一片1次，第二片2次，第三片4次，第四片8次……以后的都会按照几何级数爆炸性增长。移动64片的次数竟然和那个宰相要求的小麦数一样多！

假设有7片金片，那么总的移动次数为2^7-1，也就是127次。而移动64片金片需要的次数为$2^{64}-1$，也就是：

18,446,744,073,709,511,615次！

就算僧侣马不停蹄地移动，一秒移动1次也差不多需要5800亿年才能完成！

也就是说印度神话认为世界5800亿年后会灭亡，那么现代科学的计算结果又是怎样的呢？根据宇宙进化论，恒星和行星是在约30亿年前形成的。

在《从一到无穷大——宏观世界》第六章中我们提到，太阳蕴含的能量也就是"原子燃料"还够维持100亿～150亿年。

也就是说地球和太阳系的寿命还不足200亿年，远远短于神话中预测的5800亿年，果然传说也仅仅是传说啊！

>>> 印刷行数问题

还有一个非常著名的"印刷行数问题"，涉及的数字据说是来自文学作品中的最大数字。

假想我们能造出这样一台印刷机，这台印刷机能够连续印刷，不停地印出一行又一行的文字，并且每一行都能自动换一个字母或其他印刷符号，从而变成与其他行不同的字母组合。

这样一台机器有一组圆盘，盘与盘之间像汽车里程表那样装配，盘缘刻有全部字母和符号。这样，每一片轮盘转动一周，就会带动下一个轮盘转动一个符号。纸卷通过滚筒自动送入盘下。

依据现有技术，这样的机器很容易就能制造出来，图4就是该机器的示意图。

那么，这样印出来的东西究竟有什么意义呢？让我们马上使用它看看吧。

事实上，大多数印出的字母组合并没有什么意义，比如：

aaaaaaaaaa...

或者是boobooboo...

或者是zawkporpkossscilm...

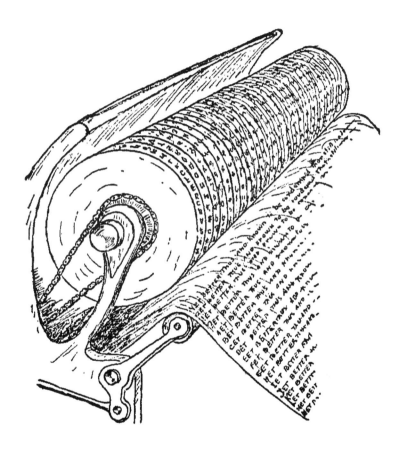

图 4　一台印刷出莎士比亚诗句的印刷机

都是些没有用的东西。然而这台印刷机能够印刷出所有字符的组合，因此我们一定能够从中找出有意义的语句，其中有正确的语句当然也就有不合乎常理的语句，比如说：

horse has six legs and ...（马有6条腿，并且……）

或者

I like apples cooked in terpentin ...

（我喜欢吃松节油炒苹果……）

尽管如此，我们一直找下去也会找出莎士比亚的名句，会找出他著作中的每一句话，甚至是他用来打草稿的句子！

由于这台印刷机能够印刷出所有可能的组合，因此世界上出现过的每一个句子它都能印刷出来：诗歌、散文、社论、广告，甚至是每一封信件，每一个订单，每一份报告……只要我们去找总能找到。

不仅限于已经出现过的，未来的语句也会被印刷出来，尽管我们不知道，但它们一定存在。从印刷机中滚出的纸张上，我们能够品味千年后的诗篇，能够了解未来的科技结晶，能够知道未来事故的报告，甚至现在还酝酿在作家脑中的小说我们也能提前阅读。出版商只要安装一台这样的印刷机，不用和作家签约，从出来的纸张中找寻作品再出版就好了。不过这样一看，他们的工作也和现在差不多啊！

而事实却是，没人去发明这样的机器，这是为什么呢？

让我们来计算一下，要得到所有字符的组合我们需要印刷多少行。

英语有26个字母和从0~9共10个数字，常用符号有14个（空格、句号、逗号、冒号、分号、问号、叹号、破折号、连字符、引号、省略号、小括号、中括号、大括号），这些常用的字符共计50个。

每一个印刷行平均有65个字符，那么我们假设印刷机有65个轮盘与其对应。每一个该印刷的地方都有50种可能的组合，于是印刷一行可能的组合为50^{65}，也就是10^{110}。

我们换个方式来理解这个数字。假设宇宙中所有的原子都变成一台独立的印刷机，那么我们一下子就得到3×10^{74}部机器。如果这么多机器从30亿年（10^{17}秒）前就一直在印刷，假设它们的印刷速度和原子振动的频率相关，即1秒能印刷10^{15}行。于是到30亿年后的今天，印刷的总行数为$3 \times 10^{74} \times 10^{17} \times 10^{15} = 3 \times 10^{106}$。

然而这也仅仅只是目标行数的$\dfrac{1}{3000}$分，并且还要从印刷出的东西里寻找有用的语句。恐怕找到世界毁灭都无法找到！

2 怎样表示无穷大的数字

现在我们知道了整数和分数的数目是无穷大的，并且几何空间内表示点的个数的无穷大数更大，那么一定还存在着比点的数目更大的数。数学家经过研究发现，所有曲线、弯曲的空间等一些奇怪的式样，代表它们数目的无穷大数远远大于点的数目。我们可以把这些无穷大数看作第三级无穷大数列。

>>> 部分等于全部

在上一节中我们提到了很多非常大的数字，例如移动金片的次数等，这些数字虽然大得难以想象，然而终究是一个有限的数字，我们总能够把它们写出来。

但是总是存在一些数，无论如何我们也不能把它们完整地写出来，因为这些数是无穷大的，比如说"所有整数的个数"或者"一条线上所有的点的个数"等。面对这些数字时我们只能明确它们是无穷大的，除此之外我们束手无策，甚至不能比较这两个数的大小。

"所有整数的个数和一条线上所有点的个数，究竟哪个大一些？"这个问题看上去很愚蠢并且好像毫无意义。然而确实有人认真思考了这个问题，他就是大数学家**康托尔**，他也因此被称为"无穷大算术"的奠基人。

康托尔（1845～1918）

德国数学家，集合论的创始人。他建立了集合论和超穷数理论，被认为是 19 世纪末、20 世纪初最伟大的数学成就。

还记得前面提到过的原始部族人，那些人甚至不能举出比3还大的数，他们是怎么清算自己的财产中到底是珠子多还是铜币多呢？事实上，若他们稍稍有一点儿头脑，就一定会通过把珠子和铜币逐个相比的办法来得出答案。

把一枚铜币和一颗珠子摆在一起，一直这样摆下去总会有结果，最后要么两者一起摆完，要么珠子多出来了，要么铜币多出来了。而当我们要比较几个无穷大的数字的时候，我们的感受恐怕和原始人差不多。同样是面对自己无法读写的数字，到底该怎么办呢？

和原始人的做法相同，康托尔也采用了一一对应的方法来比较两个无穷大的数字。首先，我们把两组无穷大数列里的各个数字进行一一配对，就这样一直进行下去。最后无非是以下情况：或者刚好配完，或者其中一组有数字多出来，那么多出数字的那一组就更大（见图5）。

这个方法是有且仅有的合理、可行的方法。不仅如此，当你实践这个方法时，你会有更加惊奇的发现。

举个例子，全部的奇数和偶数这两个无穷大数列，乍一听你会觉得它们数目相等，而根据康托尔的方法也会发现它们是相等的，因为这两个数组之间的数字刚好可以一一对应，不多不少：

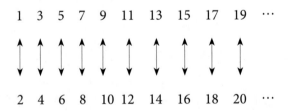

从上面这个表中我们直观地看到，每一个奇数都有一个偶数与它对应，这是非常明显的！

图 5　原始部落的人和康托尔教授都在比较他们

无法数出来的数字的大小

那么我们再进一步思考，比较一下所有整数数目和所有偶数数目的大小。直观地看，你会认为整数数目大，因为整数包含了奇数和偶数，它的数目要远远大于所有偶数的数目。

我们使用前面提到的方法来进行验证，你会大吃一惊，得到的结果和你的想法完全不一样。

我们来看所有整数和偶数的一一对应表：

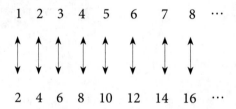

通过这张表和以上的法则，我们发现整数的数目竟然和偶数的数目是相等的，同时我们也得承认偶数是整数的一部分，因此这个结果是不合乎逻辑的。不过不用担心，遇到这样的情况并不奇怪，毕竟我们面对的是无穷大，出现不合理的情况是有可能的。

我们把上面这种情况归纳为"部分等于全部"，在探索无穷大世界的时候，这种情况很常见。

>>> 旅店问题

下面我们来看一个小故事。

希尔伯特是德国著名的数学家，民间流传着很多和他有关的故事。有一次，希尔伯特写了一篇文章来探讨无穷大的模糊不清的性质，并且还进行了一次演讲，在这次演讲中他发表了一段话，可惜的是这段话并没有被记录下来，只能通过口口相传流传至今，他是这么说的：

戴维·希尔伯特（1862～1943）

德国数学家，被视为对20世纪数学有深刻影响的数学家之一。在1900年8月8日巴黎第二届国际数学家大会上，他提出了23个数学问题，如两点间直线距离、拓扑群等问题与研究，有力地推动了20世纪数学的发展。

我们先假想有一家普通的旅店，它的房间有限并且已经客满。然而此时却有新的顾客想要入住，这显然是不可能的，所以店主只能婉拒这位顾客。但是此时，假设还有一家旅店，它有无限的房间并且也已经客满，这位顾客想要入住，会怎么样呢？

"没问题，欢迎入住！"店家如此说道。紧接着，他让一号房间的客人居住到二号房间，同时让二号房间的客人居住到三号房间，一直这样移动，最后，新的顾客就顺理成章地住进了一号房间。

前面的例子只是针对一个顾客，那么假设此时有无穷多位顾客想要入住，店家会怎么做呢？

只见他让一号房的客人住到了二号房，让二号房的客人住到了四号房，让三号房的客人住到了六号房，一直这样改变下去。最后原先的客人住到了双号的房间，空出来的单号房正好让新的客人住。

然而大多数美国人并不接受希尔伯特的理论。希尔伯特讲述这个故事时，正好是在第二次世界大战期间，对美国人来说，希尔伯特是敌国公民，加上这个故事里又有些难以理解的概念，因此就更加难以被接受了。

不过，今天看这个故事，我们就能体会到无穷大与平时遇到的一般大小的数字有着很大的不同。

前面我们利用康托尔法则比较了偶数和整数数目的大小，理解了这个法则之后，我们现在来比较一下普通的分数和整数的数目，你会发现它们是相等的。

首先，我们对分数来进行一个排列：分子分母之和为2的分数，即 $\frac{1}{1}$；分子分母之和为3的分数，即 $\frac{1}{2}$，$\frac{2}{1}$；然后是分子分母之

和为4的分数，即 $\frac{1}{3}$，$\frac{3}{1}$，$\frac{2}{2}$……

持续排列下去，我们能得到数量无穷大的一组数列，这些数列正好涵盖了所有的分数。

紧接着，我们把这些分数和整数进行配对，结果发现它们的数量是一样的。

进行了以上的几组对比之后，你可能会觉得所有的无穷大都是相等的。上面的例子确实会让人产生这样的感觉，然而直到今天，人们依旧孜孜不倦地研究着无穷大，说明事实并不是这样的。比所有整数数目还要大的无穷大数字，现在很容易就能找出来。

还记得前面我们作过的一个比较，一条线上所有点的数目和整数的数目哪个大？仔细想想就能明白，虽然这两个数目都是无穷大，然而点的数目却要比整数的数目大很多。接下来我们来证明一下。

首先要建立起对应关系，截取一段1寸长的线段，那么这条线段上的每一个点都可以用点到一个端点的距离来表示，而这个距离，可以表示成小于1的无穷小数，例如：

$$0.735,062,478,005,6\cdots$$

或者

$$0.382,503,756,32\cdots$$

那么此时，这个问题就转化为比较整数数目和所有无穷小数数目的大小。

前面我们比较过分数和整数的数目大小，得出了相等的结论。而所有的普通分数都可以化为无穷循环小数，比如$\frac{1}{3}$可以化为0.333333……3的循环，$\frac{1}{7}$可以化为0.142857142857……142857的循环。据此我们可以得出结论，所有循环小数的数目和整数的数目是相等的。

然而，用来表示点的无穷小数同时包含了无限循环小数和无限不循环小数，因此，这些无穷小数不能与整数一一对应。

假定有人声称他已经建立了这种对应关系，并且对应关系具有如下形式：

1   0.38602563078…

2   0.57350762050…

3   0.99356753207…

4   0.25763200456…

5   0.00005320562…

6   0.99035638567…

7   0.55522730567…

8   0.05277365642…

…………………

很明显，此人找到了某种排列规律，依据这种规律进行了排列，并且任何一个小数迟早都会被写出来。然而因为二者数目均是无穷大的，所以我们没有办法把它们全部写出来。

也正是因为如此，我们很容易就能从中找到此类声称的漏洞，要推翻这类结论，只需写出完全不同的无穷小数就可以了，而且方法非常简单。

我们现在来写一个小数，这个小数的第一个小数数位上的数字与表中第一个小数十分位上的数字不同，第二个小数数位上的数字和表中第二个小数百分位上的数字不同，同理第三个数字与表上第三个小数对应数位的数字不同……

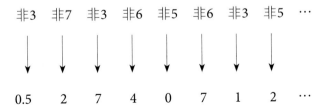

如此一来，我们就能得到一个全新的小数，这个小数是上表没有的。此时，表的制作者可能会说你写的数字和表上的137号（或是其他任何一号）是一样的。那么你可以马上反驳他："这个小数的第137位和你的第137号数字不一样，这是一个全新的小数。"所以，我们无法建立点与整数的对应关系，表示点的数量的无穷大数，比表示整数数目的无穷大数要大得多。

事实上，根据无穷大算法这一法则，不仅限于刚刚讨论过的1寸长的线段，1尺、1丈甚至是1里长的线段上的点的数目都是相等的。证明请看图6。

现在有两条长度不同的线段AB、AC，我们来比较一下这两条线段上点的数目。我们过AB的每一点作BC的平行线，所有平

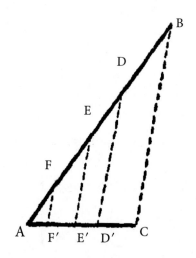

图6　证明两条长度不同的线段上的点数是相等的

行线都会与AC相交。

这些平行线为AB和AC带来了一组对应的点，也就是说，对于AB上的每一个点，AC上都有一个点与它对应；反过来过AC作BC的平行线，平行线与AB相交后也能得到一组点，也即AC上的每一个点在AB上都有一个点与它对应。这样一来我们就建立起了——一对应的关系，也就证明了这两个无穷大是相等的。

以上我们建立了线段之间的对应关系，再进一步运用无穷大算法，我们还能得到线段与平面之间的关系：平面上所有点的数目和线段上点的数目是一致的。下面我们来证明一下。如图7，现有一条1寸长的线段和边长为1寸的正方形。

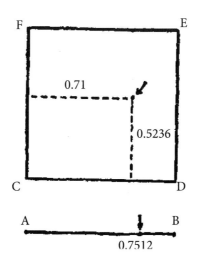

图7　一条1寸长的线段和边长为1寸的正方形

按照前面的方法，我们用距离来表示线段上的点。假定线段上某点的位置是0.75120386…我们把这个小数的奇数数位和偶数数位分开，组成两个不同的小数：

$$0.7108\cdots\text{和}0.5236\cdots$$

我们以正方形的两条相邻的边为坐标轴建立一个坐标系，那么上面两个小数正好对应一组坐标，根据这个坐标，正方形里有唯一的点与它对应。

于是，我们得到了线段与正方形的对应关系，线段上的每一个点在正方形平面上都有一个点与它对应。同样，正方形里的每个点都能在线段上找到对应的点。那么根据无穷大——对应的法则，正方形里的点数和线段上的点数是相等的。

到此为止，线段之间，线与面之间的对应关系都已经找到了。接下来我们来证明，立方体里点的数量和平面上或者线段上点的数目是一致的。

首先我们把线段上的点表示出来：

$$0.735106822548312\cdots$$

然后将这个小数按规律分成下列三个新的小数：

$$0.71853\cdots$$

$$0.30241\cdots$$

$$0.56282\cdots$$

之后在立方体里建立坐标，那么上面的三个小数正好对应一个坐标。这样一来就建立起了线段和立方体之间的一一对应关系。通过类比线段之间的点数关系，我们还能知道任何平面上、空间中点的数量都是一致的，与平面和空间的大小没有关系。

现在我们知道了整数和分数的数目是无穷大的，并且几何空间内表示点的个数的无穷大数更大，那么一定还存在着比点的数目更大的数。数学家经过研究发现，所有曲线、弯曲的空间等一些奇怪的式样，代表它们数目的无穷大数远远大于点的数目。我们可以把这些无穷大数看作第三级无穷大数列。

作为无穷大奠基人的康托尔，自然也提出了表示无穷大数的方法（图8）。他使用了希伯来字母 $\aleph$（读作"阿莱夫"）来表示无穷大：字符 $\aleph$ 加上一个小一号的数字角标，表示无穷大和无穷大的级数。如此一来，我们可以把数列写成：

$$1，2，3，4，5，\aleph_1，\aleph_2，\aleph_3\cdots\cdots$$

那么，诸如"一条线段上有 $\aleph_1$ 个点""曲线的式样有 $\aleph_2$ 种"这类的说法就和我们平时的谈话没什么两样。

034

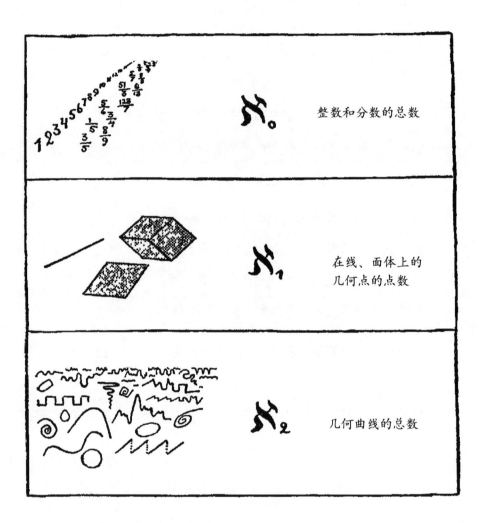

图 8　前三个无穷数

那么关于无穷大的讨论就到此为止了，结束这个话题之前，还有几点务必请大家记住。无穷大的级数并不是无穷大的，只要少量的级数，就能涵盖我们所认知的所有无穷大数了。

简单来说，$\aleph_0$表示所有整数的数目，$\aleph_1$表示所有几何点的数目，$\aleph_2$表示所有曲线的数目，那么$\aleph_3$呢，它代表什么呢？事实上，到现在为止，还没有人能够使用$\aleph_3$来表示一个无穷大数，没有人能想到这样的数字。可见0、1和2这三级无穷大数就已经包含我们所认知的全部无穷大了。

前面我们提到的原始人，他有很多财宝，有很多个儿子，然而他却数不过3；反之，现在的我们没有什么是数不清的，但是却没有那么多东西能让我们数。

自然数和人造数

CHAPTER 2

最"纯粹"的数学

有没有一种公式可以将质数的比例随范围增加而减小这一现象表达出来呢？答案是有的。而且人们认为发现质数的分布规律是值得称赞的事情。这个规律很简单，即从 1 到整数 N 之间质数所占数量的百分比，可以用 N 的自然对数的倒数近似表示。N 的值越大，这条规律越精确。

>>> 质数是无穷的吗

人们常把数学比作科学中的皇后，尤其是数学家们。作为皇后，她当然不能屈尊于其他学科。因此，希尔伯特受邀在"纯粹数学与应用数学联合会议"上做演讲，这次演讲旨在缓解这两类数学家之间的敌对情绪，演讲时他说：

　　经常有人说，纯粹数学和应用数学是相互对立的。这并不是实际情况，纯粹数学和应用数学并不是相互对立的。它们过去没有对立过，将来也不会对立。它们是无法对立的，实际上它们两者就没有共同之处。

　　数学一直希望自己远离其他学科而保持自身的"纯粹性"，但是物理学一直在寻找与数学的共同之处，试图拉近与数学的关系。实际上，纯粹数学的几乎每一个分支，比如抽象群、不可逆代数、非欧几何等都一度被认为是极度纯粹的，然而这些绝不可能应用于实际的数学理论，现在也可以用来解释物质世界的一些性质了。

　　但是，直到今天，数学中仍存在着一个大分支，它除了可以益智以外，并无他用。这个大分支倒是可以配得上"纯粹的王冠"这个称号，它就是"数论"（这里的数指整数），是一个古老的数学分支，也是理论数学中最为复杂的分支。

　　令人意想不到的是，这门看似最为"纯粹"的科学，在有些时候也可以称为经验科学，甚至称为实验科学也不为过。事实上，就像物理学定律是用物体做特定的实验得到的一样，数论的绝大多数定理都是用数学慢慢试出来的。

并且在"数学上"一些定理已被证明，而另一些仍然处于经验的阶段：很多优秀的数学家仍致力于此。物理学在这一点上也是如此。

我们可以以质数的问题作为例子。质数是除了1和它本身外不能用其他两个或两个以上较小的整数的乘积来表示的数，如1，2，3，5，7，11，13，17……而12可以写成2×2×3这样的形式，所以12不是质数。

欧几里得（约前 330 ～约前 275）

古希腊人，数学家，被称为"几何学之父"。他的著作《几何原本》是欧洲数学的基础，在这本书中他提出五大公设，被认为是历史上最成功的教科书。

有没有一个最大的质数呢？还是质数是无穷无尽的？也就是说，凡是比最大的质数大的整数都可以表示为几个质数的乘积。

这个问题最先是由**欧几里得**想到的，并且他用简洁的证明证实了这件事情——没有最大的质数，质数向无穷延续没有任何限制。

>>> 证明质数是无穷的方法

为了证明这一问题，我们可以先假设质数的个数是有限的，即存在最大的质数，最大的质数用N表示。现在将所有的质数乘起来再加1。写成数学表达式就是：

$$(1 \times 2 \times 3 \times 5 \times 7 \times 11 \times 13 \times \cdots \times N) + 1$$

得到的这个数自然比"最大的质数"N要大得多。但很显然的是，这个数不能被从1到N（包括N在内）的任何一个质数整除。因为从得到这个数的方法可以知道，用任何质数除它都会有余数1。

因此这个数要么是一个质数，要么就可以被大于N的某些质数整除。而这两种情况都和之前N是最大的质数这一假设矛盾。

这种证明的方法叫反证法，它是数学家们最钟爱的方法之一。

既然我们已经知道质数的个数是无限的，那么自然会有这样的想法——怎么将它们全部写下来？古希腊的哲学家、数学家**埃拉托色尼**

埃拉托色尼（前275～前194）

古希腊地理学家、天文学家、数学家和诗人。除了数学的成就外，埃拉托色尼在测地学和地理学上也有巨大的贡献，并著有《地理学概论》，同时他也是第一个创用西文"地理学"这个词汇的人。

提出了一种叫"过筛"的方法。

这种方法是把整个自然数列1，2，3，4……都写出来，然后将其中2的倍数、3的倍数、5的倍数等都去掉。前100个自然数经过"过筛"后的情况如图9所示，还剩下26个质数。通过这种简单的"过筛"方法，我们得到了10亿以内的质数表。

但是如果我们推导出一个能计算出所有质数的公式（并且仅有质数），那就会非常简便了。

在1640年，法国数学家**费马**认为自己推导出了这个公式：$2^{2^n}+1$，n取自然数的各个值1，2，3，4等。从这个公式我们得到：

皮埃尔·德·费马
（1601～1665）

法国数学家。他以法律为生，长期担任卢兹议会顾问，早年研究概率论，在数论、几何学和光学方面均有贡献。他提出的费马大定理、解析几何的基本原理等对西方数学界产生了深远影响。

$$2^{2^1}+1=5$$

$$2^{2^2}+1=17$$

$$2^{2^3}+1=257$$

$$2^{2^4}+1=65,537$$

图 9　前 100 个自然数"过筛"后的结果

莱昂哈德·欧拉
（1707～1783）

瑞士数学家、自然科学家，18世纪最伟大的数学家之一。他对数学的研究非常广泛，以至于数学的许多分支学科都能见到以他的名字命名的公式和定理。

以上这几个数均是质数。但在费马取得这一成就的一个世纪后，德国数学家**欧拉**指出，费马这一公式的第五个数 $2^{2^5}+1=4,294,967,297$，是6,700,417和641的乘积，所以它并不是质数。因此费马的质数公式被证明是错误的。

关于推导质数，还有一个公式是n^2-n+41，但这个公式同样出现了问题，到第41个（n=41）时，这个数就不是质数了：

$$41^2-41+41=41^2=41\times41$$

这是一个平方数，而非一个质数。

人们还提出过另外一个公式：

$$n^2-79n+1601$$

这个公式在n从1～79都是得到质数，但在n=80时，它又不成立了。

因此，至今数学家们仍没有找到一个质数公式。

>>> 哥德巴赫猜想

数论定理，也就是1742年提出的**"哥德巴赫猜想"**，它是另外一个有趣的例子。

这是一个至今虽然没能被证明，但是也没有被推翻的猜想。这个猜想为：任何一个大于2的偶数都可以表示为两个质数之和。

你可以从一些很简单的数字印证出这句话是正确的。例如：12=7+5，24=17+7，32=29+3，但即使数学家们在这方面做了大量的工作，仍然不能做出肯定的判断，也不能找到一个反证。1931年，苏联数学家**施尼雷尔曼**的证明让我们向前迈了一大步。他证明了所有偶数都可以表示为300,000以内个质数之和。

哥德巴赫猜想

哥德巴赫提出了这个猜想却没能证明，于是他请来了欧拉，但是欧拉也没能证明出来。1966年，中国数学家陈景润证明了"1+2"，离"1+1"就差了最后一步。

施尼雷尔曼（1905～1938）

苏联数学家，他在数学领域进行了深入的研究，涉及代数、拓扑学、分析的拓扑方法和定性方法等，在加法数论中，他取得了哥德巴赫问题的重要进展。

维诺格拉多夫（1891～1983）

苏联数学家。他的主要贡献在解析数论方面，他一生不断完善和发展估计各种三角和方法，并在许多数论问题上得到重要结果。

在此之后，苏联另一位数学家**维诺格拉多夫**又将"300,000个质数"和"2个质数"的距离大大缩小——他将施尼雷尔曼的结论缩小到了"4个质数之和"。但维诺格拉多夫的"4个质数"到哥德巴赫的"2个质数"之间的路最难走，谁也说不好这段路程有多遥远，需要走几年还是几个世纪。

所以推导出任意质数的公式任重而道远，更何况我们现在还不能确定这一公式是否真的存在。

那么现在我们来研究一个简单一点儿的问题——在某一范围内的整数中，质数所占的百分比为多少，这个百分比是不变的，还是会随着数字的增大而有所变化？这时可以用到经验方法，数出不同数值范围内的质数个数，这样结果便一目了然。

通过计算，100之内有26个质数，1000之内有168个质数，而1,000,000之内有78,498个，1,000,000,000之内有50,847,478个。用质数的个数除以对应范围内的整数个数就得到下表：

数值范围 1～N	质数数目	比率	$\dfrac{1}{\ln N}$	偏差（%）
1～100	26	0.260	0.217	20
1～1000	168	0.168	0.145	16
1～1,000,000	78,498	0.078,498	0.072,382	8
1～1,000,000,000	50,847,478	0.050,847,478	0.048,254,942	5

这张表告诉我们，数值范围越大，质数所占的百分比就越小，但是这张表上并没有质数的"终点"。

所以，有没有一种公式可以将质数的比例随范围增加而减小的现象表达出来呢？答案是有的。而且人们认为发现质数的分布规律是值得称赞的事情。

这个规律很简单，即从1到整数N之间质数所占数量的百分比，可以用N的自然对数的倒数近似表示。N的值越大，这条规律越精确。

上表中的第四列给出了N的自然对数的倒数，与前一列相比，就可以看出两者是很相近的，并且N越大时就越相近。

如同许多数论中的定理在最初时都是凭借经验而假设得到的一样，上述的质数定理也是如此。直到19世纪末，法国数学家**阿达马**和比利时数学家布松才证明了它。由于证明的方法过于复杂，这里就不作介绍了。

> **雅克·所罗门·阿达马**
> （1865～1963）
>
> 法国数学家。他因素数定理而被人们所知，他在著作《数学领域的发明心理学》中用内省来描述数学思维。

>>> 费马大定理

尽管整数和质数没有必然联系，但是既然提到整数，就顺带提一下著名的费马大定理。我们要追溯到古埃及时代才能研究这一问题。在那个时期，每一个优秀的木匠都知道，一个三角形的边长比如果为3：4：5的话，那么这个三角形的一角必为直角。现在还有人将这样的三角形称为埃及三角形。古埃及的木匠用的就是这样形状的三角尺。

> **丢番图**（约246～330）
>
> 古希腊数学家，代数学的创始人之一。他的关于数论的著作《算数》共有13卷，而现存的只有10卷。

公元3世纪，在亚历山大里亚城的**丢番图**思考了这样一个问题：两个整数的平方之和等于第三个整数的平方这一条件难道只有3、4、5符合吗？

他证明了符合这一条件的其他整数组（而且有无穷多组），并给出了求这些数字的一般规则。三角形的三条边长符合这一规则的，则被称为毕达哥拉斯三角形。简单来讲，求这种三角形三边长就是解方程：

$$x^2+y^2=z^2$$

等式中的x、y、z必须是整数。

1621年费马在巴黎买了一本丢番图写的《算术学》法文译本，书里面写到了毕达哥拉斯三角形。费马在读这本书时，在书的空白处写了一些简短的笔记。并且指出方程：

$$x^2+y^2=z^2$$

有无穷多组整数解，而这样的方程：

$$x^n+y^n=z^n$$

在n大于2时永远没有整数解。

后来他说："我当时想出了一个非常棒的证明方法，可惜书上的空白太少，不能全写下来。"

费马去世之后，人们在他的书房里发现了那本丢番图的书，里面的笔记也就公之于世了，这是3个世纪之前的事情。自笔记公布之后，全世界的优秀数学家都在尝试费马笔记当中提到的证明方法，但至今还没有人"破解"。但是，人们在这方面已经取得了很大的进步——门全新的数学分支"理想数论"，就是在这个过程中创立的。欧拉证明了方程 $x^3+y^3=z^3$ 和 $x^4+y^4=z^4$ 不可能有整数解。

约翰·彼得·古斯塔夫·勒热纳·狄利克雷
（1805～1859）

德国数学家，解析数论的创始人。他对函数论、位势论和三角级数论都有重要贡献。主要著作有《数学讲义》《定积分》等。

狄利克雷则证明了方程 $x^5+y^5=z^5$ 也是如此。

在一些其他数学家的努力下，可以证明出，n在小于269的情况下，此方程无解。但是人们一直无法证明该方程在n取任何整数值的情况下都无解。所以人们认为费马当时根本没证明出来，要么就是在证明过程中出现了错误。为了解决这个问题，有人还悬赏过10万马克（德国曾用的货币）。那个时候研究这一问题的人非常多，但他们不过都是一些唯利是图的业余数学家，到最后什么也没证明出来。

但是这个定理很可能就是错误的。我们只要能找到这样一个例子：两个整数的某一次幂的和等于另一整数的同一次幂，就可以做到了，但这个整数必须大于269。很显然，这并不容易。

神秘的 $\sqrt{-1}$

2

1770 年，在瑞士著名科学家欧拉发表的代数著作中，许多地方都用到了虚数。然而即使这么频繁地使用，他还是要加上说明其性质的注释："一切如 $\sqrt{-1}$ 形式的数都是不存在的、想象中的数，因为这里的形式是负数的平方根！对于这类数，我们只好给出这样的结论：它们既不是完全无意义的，也并不是有意义的。它们不过是虚无的。"

>>> 虚数的引入

现在，我们开始做一些更加复杂的计算。二二得四，三三得九，四四一十六，五五二十五。所以说四的算术平方根是二，九的算术平方根是三，十六的算术平方根是四，二十五的算术平方根是五。

然而，负数的平方根会是什么样的呢？$\sqrt{-5}$ 和 $\sqrt{-1}$ 这样的表达式又有什么意义呢？

如果用有理数来解决负数的平方根这一问题，那么得到的结论便是：这个问题是毫无意义的。这里可以引用12世纪一位印度数学家拜斯·迦罗的话："正数的平方是正数，负数的平方还是正数。果真如此的话，正数的平方根则有两个：一个正数和一个负数。所以说负数没有平方根，因为负数并不是平方数。"

但是数学家并不会轻易妥协。如果一个数学公式里出现没有意义的东西，那么数学家就会让没有意义变成一个有用的定义。

吉罗拉莫·卡尔达诺
（1501 ～ 1576）

意大利文艺复兴时期的数学家、百科全书式的学者。他一生有200多部著作，涉及范围非常广，包括数学、物理、哲学和音乐等领域。

负数的平方根不停地出现在许多地方：古老而简单的算术问题当中有它，20世纪相对论的时空结合中也有它。

第一次将负数的平方根这一明显没有意义的事物引入公式的人，是16世纪的意大利数学家**卡尔达诺**。

有一个问题是，能否将10分解成两个数，即两数之和为10，并且这两个数的乘积为40。

他在思考这个问题时指出，尽管它没有有理数解，然而如果将10分成$5+\sqrt{-15}$和$5-\sqrt{-15}$这两个形式的数字，那就是满足要求的结果了。证明如下：

$$\left(5+\sqrt{-15}\right)+\left(5-\sqrt{-15}\right)=5+5=10,$$

$$\left(5+\sqrt{-15}\right)\times\left(5-\sqrt{-15}\right)$$

$$=5\times5+5\sqrt{-15}-5\sqrt{-15}-\sqrt{-15}\times\sqrt{-15}$$

$$=25-\left(-15\right)=25+15=40$$

尽管卡尔达诺认为这两个表达式是凭空虚构出来的，且毫无意义，但他还是把它写了下来。

尽管负数的平方根看起来毫无根据可言，但还是有人写出了它们，并且这两个数和为10，乘积为40。

卡尔达诺给负数的平方根起了个名字叫"虚数"，尽管当时的科学家谨小慎微，还要找各种借口，但是虚数越来越频繁地被使用。

1770年，在瑞士著名科学家欧拉发表的代数著作中，有许多地方都用到了虚数。然而即使这么频繁地使用，他还是要加上说明其性质的注释："一切如 $\sqrt{-1}$ 形式的数都是不存在的、想象中的数，因为这里的形式是负数的平方根！对于这类数，我们只好给出这样的结论，它们既不是完全无意义的，也并不是有意义的。它们不过是虚无的。"

尽管非议颇多，虚数还是迅速占据了分数与根式当中相当重要的一部分。数学家们很难想象没有虚数的日子。

我们可以把虚数当作实数在镜子中呈的像。类比而言，就像1可作为所有实数的基础一样，我们可以把 $\sqrt{-1}$ 作为虚数的基数，从而得到所有的虚数，通常将虚数的单位写作 i。

可以看出：

$$\sqrt{-9} = \sqrt{9} \times \sqrt{-1} = 3i$$

$$\sqrt{-7} = \sqrt{7} \times \sqrt{-1} = 2.646\cdots i$$

这样一来，每一个实数都有自己对应的一个虚数。除此之外，实数和虚数结合，可以形成单一的表达式，例如 $5 + \sqrt{-15} = 5 + \sqrt{15}\,i$。

这样的表达方式是卡尔达诺发明的，这种混合的表达形式叫作复数。

自从数学领域中有了虚数，在此之后长达两个世纪的时间内，它一直都是神秘的。直到两位业余的数学家给出了关于虚数的简单几何解释，虚数才真正浮出水面。这两个人分别是挪威测绘员威塞尔和法国巴黎会计师阿尔刚。

两人是这样解释的：一个例如3+4i的复数，可以用图10中的方式表示出来。其中3是水平方向的坐标，4是垂直方向的坐标。

确实，所有的实数（正数、负数和0）和横轴上的点一一对应，而纯虚数则和纵轴上的点一一对应。

当我们用一个实数，比如3，让其乘以虚数单位i时，就得到位于纵轴上的纯虚数。因此，将一个数乘以i，用几何语言描述就是将其对应的点绕原点逆时针旋转90°。

如果我们再用3i乘以i，那就必须将其对应的点再一次逆时针旋转90°，这样的话，对应点又回到了横轴上，不过这次的点在负半轴，因此，$3i \times i = 3i^2 = -3$，或者说$i^2 = -1$。

"i的平方等于-1"这样的表述比"经过两次逆时针旋转90°的对应点"反而更好理解一些。这个规则同样适用于复数，将3+4i乘以i，得到：

$$(3+4i)\ i=3i+4i^2=3i-4=-4+3i$$

从图10可以看出，-4+3i正好相当于将3+4i绕原点逆时针旋转

90°。类似地，将一个数乘上-i就相当于将其对应点顺时针旋转90°。

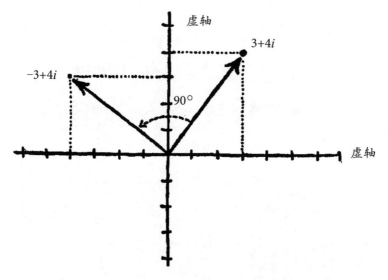

图 10 复数 3+4i 在坐标轴上逆时针旋转 90° 的示意图

>>> 揭开虚数的神秘面纱

如果你到现在仍然觉得虚数不可理解，那么我们就通过一个简单的有关虚数的应用题，揭开虚数这张依旧神秘的面纱吧。

从前有一个年轻人非常热爱冒险，有一天他在曾祖父的遗物中发现了一张羊皮纸，上面的内容指向了一处宝藏。具体是这么说的：

乘船到北纬＿＿＿、西经＿＿＿（为了安全起见，文件中的实际坐标已被略去），便来到这个荒岛。岛的北岸有一大片草地，草地上有一棵橡树和一棵松树（为了安全起见，同样地，树的种类也变了），还有一座绞刑架，这是过去用来吊死叛变者的。从绞刑架走到橡树，记住在这一段走了多少步；到了橡树右转90°，走相同的距离，到了那里打一个桩。

回到绞刑架，朝松树走去，同时记住所走的步数，到了松树向左拐直角再走相同的步数，再打一个桩，将两个桩连线，宝藏就埋在连线的中点。

这个步骤可以说清晰明了，年轻的探险家租了一条船来到了目的地。

他找到了那个荒岛，同时也看到了橡树和松树，但绞刑架却不见了，这真是令人沮丧！木质的绞刑架经历了风吹日晒，早已腐烂，变成了泥土。

年轻的冒险家彻底绝望了。所以他只能胡乱地在岛上乱挖一气，可是这个岛实在太大，毫无章法地挖只是白费力气，他什么也没挖到，空手而归。所以，这些宝藏还在岛上的某处埋着呢。

这是一个令人心痛的故事，如果这个年轻人学过数学，特别是虚数，那他就能找到宝藏。

把岛看成复数的平面，画一条直线（实轴）穿过两棵树的基部，找到两棵树的中点，过这个点垂直实轴做一条轴线为虚轴（如图11），单位长度就取两树间的距离。

参考系建立好以后，即橡树位于实轴上的-1点，松树位于实轴上的1点。但是不知道绞刑架的位置，那就用大写的希腊字母 Γ（这个字母的样子倒真像个绞刑架）代表它所处的位置。这个位置不一定在两条轴线上，因此是个复数：

$$\Gamma = a + bi$$

这里要用到我们之前讲过的虚数乘法来做一些简单的计算。已知绞刑架在位置 Γ，橡树在-1，两者的相对距离就是 $-1-\Gamma = -(1+\Gamma)$。

同理，绞刑架与松树的相对距离是 $1-\Gamma$。将两个距离分别顺时针和逆时针旋转90°，即分别将相对距离乘以 $-i$ 和 i，这样就得到两根桩的位置为：

第一根：$(-i)[-(1+\Gamma)]+1=i(\Gamma+1)+1$

第二根：$(+i)(1-\Gamma)-1=i(1-\Gamma)-1$

图 11　借助虚数寻找宝藏

宝藏埋在了两根桩子的中间，我们求出上述两个位置对应复数的平均数，用以下公式表达：

$$\frac{1}{2}[i（\Gamma+1）+1+i（1-\Gamma）-1]=\frac{1}{2}（i\Gamma+i+1+i-i\Gamma-1）=\frac{1}{2}（2i）=i$$

从这个公式中我们惊奇地发现，用来表示绞刑架位置的 Γ 已经在运算过程中消失不见了。也就是不管绞刑架之前在什么地方，宝藏都在 i 这个点上。

如果探险家知道复数的运算，他就无须在整个岛上盲目地挖来挖去，只需要在图11中打×的地方挖下去，就可以得到宝藏了。

如果你还是不相信在并不知晓绞刑架位置的情况下我们依旧可以找到宝藏，那请你拿出一张纸在上面画两棵树的位置，而绞刑架可以在任何一个位置。按照羊皮纸上提到的方法去做，无论你做多少次，宝藏埋藏的地方都是复平面中相同的位置。

使用-1的平方根这个虚数工具，人们还找到了另一个瑰宝，即普通的三维空间可以和时间结合，从而形成符合四维几何学规律的四维空间。在下一章介绍爱因斯坦的思想和他的相对论时，我们会提到这一理论。

空间的不寻常性质

CHAPTER 3

1

维数和坐标

　　理解线和面的几何性质对于我们这些生活在三维空间的生物来说，显然是容易的，因为我们能"从外面"观察它们。但是上升到三维空间，它的几何性质对我们而言就没那么容易了，因为我们就生活在其中。所以说我们知道并理解曲线、曲面并没有什么问题，但很多人在听说有弯曲的三维空间时就感到非常困惑。

>>> 如何描述空间的位置

　　"空间"这个词语充斥在我们的生活当中，不过若要给这个词下一个准确的定义，恐怕没有几个人能做到。也许这样理解更为方便：空间包含万物，可以容纳物体在其中上下、前后、左右运动。三个互相垂直的方向构成了描述我们所处的物理空间最基本的性质之一，也就是一个空间有三个方向，我们也称其为三维。

空间中的任意一个点都可以用这三个垂直的方向来确定。如果我们到了一个陌生的城市，想找到一家著名公司的办公室，酒店的前台就会这样说："只需向南走过5条街，往右拐，再穿过两条马路，办公室就在7层楼。"这三个位置描述就是我们通常熟知的坐标。

在这个例子当中，我们用坐标描述目的地与出发点——酒店大厅与街道、楼层数量的相对位置关系。那么，在其他任何位置上给出有关同一目标的方位判断时，我们只需要正确表达出新出发点和目的地之间的位置关系，那么就能找到目的地。

而且只要知道出发点和目的地坐标系统的相对位置，根据出发点坐标来说出目的地坐标很容易，经过一些简单的数学计算就可以得到新位置了，这个过程叫作坐标变换。

同时还需注意的是，表示位置的坐标并不一定非得是3个数字。换一种方法也可以实现，在一些情形下，使用角度构成的角坐标会更加方便。

在实际例子中，不难理解这个问题，比如描述纽约市的一个位置通常用某某大街和某某路来表示，也就是使用直角坐标系统。而在莫斯科描述一个位置，方法就不太一样了，通常换成极坐标表示更方便，这是因为莫斯科的街道是从克里姆林宫辐射出来的，若干条同心圆形街道环绕城中心。

那么在莫斯科，换一种描述方式会更方便：某座房子在克里姆林宫正东北方向的第20个街区。

图12给出了几个用3个坐标表示空间中某一点的方法，有直角坐标的距离，也有极坐标的角度。但不管我们使用什么方法，都需要3个数字来描述位置，因为我们是在三维空间中来解决位置问题的。

因为我们在三维空间中生活，对于只有三维空间概念的生物而言，想象一个高于三维的空间就变得非常困难了（但是，之后我们将会看到这种空间是存在的），但理解比三维空间低维度的空间就非常容易。一个平面、一个球面或者不论什么样的面，总之它们都是二维的。要想表示面上的任意一个点的位置，两个数字就可以完成。同样道理，我们再往更低的一个维度看，线（直线或曲线）是一维的，因为一个数便可以描述线上任意一个点的位置。那么自然我们能意识到，点是零维的，因为在一个点上没有第二个不同的位置。但是我们为什么要去研究点呢！

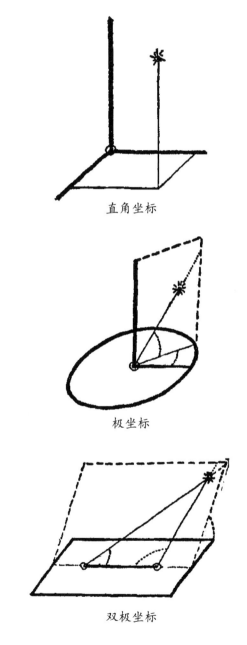

直角坐标

极坐标

双极坐标

图 12　用 3 个坐标表示空间中某一点的位置

>>> 如何理解弯曲的三维空间

理解线和面的几何性质对于我们这些生活在三维空间的生物来说，显然是容易的，因为我们能"从外面"观察它们。但是上升到三维空间，它的几何性质对我们而言就没那么容易了，因为我们就生活在其中。所以说我们知道并理解曲线、曲面并没有什么问题，但很多人在听说有弯曲的三维空间时就感到非常困惑。

我们只需要一点儿练习和真正理解"曲率"的含义，就可以知道其实所谓弯曲的三维空间这个概念并不复杂。读到第五章结尾，你也许就能对这个第一眼看上去非常难以理解的概念——弯曲的四维空间了然于胸了。

不过，在讨论弯曲的三维空间之前，还是先来做几个有关一维曲线、二维曲面和普通三维空间的练习吧。

无须测量的几何学 2

所以我们能知道，V+F=E+2 是一个在拓扑学中普遍适用的数学定理，因为这个关系式和棱的长短或面的大小并没有关系，它只涉及各种几何学单位（顶点、棱、面）的数量。

>>> 经典拓扑学实例

我相信在学校，你在数学课上已经学习了不少几何学的知识，几何学是一门关于空间度量的科学。它的大部分的内容是有关长度和角度数值关系的定理（例如著名的勾股定理就是叙述直角三角形三边长度关系的定理）。可是有时根本不需要通过度量长度和角度来描述空间的一些最基本的性质。所以数学家又给几何学中这一不需要长度和角度的分支单独起了个名字——拓扑学。拓扑学是数学中令人兴奋且最困难的一部分。

看一个经典而又简单的拓扑学实例：

假设有一个封闭的几何面，比如一个球面，它的表面被一些网格线分成几个独立区域。下面我们在球面上任选一些点，用彼此不相交的线把它们连接起来。那么，这些点的数量、连线的数量和区域的数量之间有什么关系呢？

我们首先明确一点，如果把圆球挤成像冬瓜一样的椭圆，或者变成黄瓜一样的长条状，那么点、线、块的数目是不是和刚才一样不变。

事实上，我们可以取任何形状的闭合曲面，就像挤压或者拉伸一个气球得到其他的很多形状（气球不能破）一样，这时曲面的点、线、区域的数量仍旧不会发生改变。

而在一般的几何学中，如果把一个正方体变成平行六面体，或把球形压成饼形，它的各种数值（如长度、面积、体积等）都将发生巨大变化。这一点就体现了两种几何学根本上的区别。

如果将划分好区域的球按照区域展平，球就变成了多面体（图13），相邻区域的边界就成了多面体的棱，而之前的点就变成了顶点。

经过这样的改变，我们的问题就等价转化为，一个任意形状的多面体的面、棱和顶点的数目之间有什么关系？

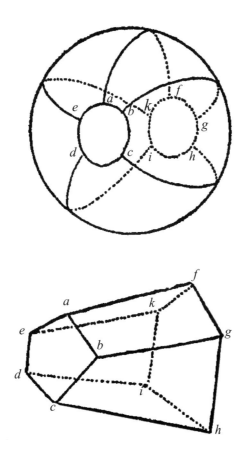

图 13　划分了若干区域的球面变成了多面体

图14给出了5种正多面体和1个随便画出来的不规则多面体。让我们数一数这些几何体各有多少顶点数、棱数和面数，找一找它们之间有什么联系吧。

下表给出了这些几何体的各项数据：

多面体名称	顶点数V	棱数E	面数F	V+F	E+2
四面体	4	6	4	8	8
六面体	8	12	6	14	14
八面体	6	12	8	14	14
二十面体	12	30	20	32	32
十二面体	20	30	12	32	32
不规则多面体	21	45	26	47	47

前面三列（顶点数V、棱数E和面数F）的数据看起来并没有什么直接关系，但如果我们仔细琢磨这些数字就会发现，顶点数和面数之和总比棱数大2。所以，我们可以先写出这样一个等式关系：

$$V+F=E+2$$

那么这样的等式是适用于任何多面体，还是只能符合图14当中那样特殊的多面体呢？大家不妨尝试画其他一些形状比较特殊的多面体。数一数它们的顶点、棱和面的数目，之后我们可以发现，这个结论依然是对的。所以我们能知道，V+F=E+2是一个在

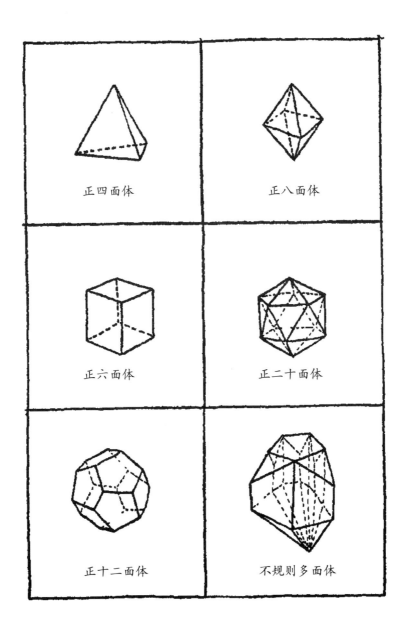

正四面体

正八面体

正六面体

正二十面体

正十二面体

不规则多面体

图 14　5 种正多面体和 1 个不规则多面体

拓扑学中普遍适用的数学定理，因为这个关系式和棱的长短或面的大小并没有关系，它只涉及各种几何学单位（顶点、棱、面）的数量。

>>> 欧拉定理

笛卡儿 （1596 ～ 1650）

法国著名哲学家、物理学家、数学家，因将几何坐标体系公式化而被认为是解析几何之父。他在哲学上也有不小的成就，是二元论的代表，留下名言"我思故我在"，提出了"普遍怀疑"的主张。

17世纪法国的大数学家**笛卡儿**最先注意到了这个关系，但是针对它的严格证明则由另一位数学家欧拉完成，因此这个定理现在叫作欧拉定理。

下面的内容将给出欧拉定理的证明，引用自古朗特和罗宾斯的著作《数学是什么》。同时，我们还能知道如何证明这类定理。

为了证明欧拉定理，我们可以把简单多面体想象成用橡胶做成的有一层表面的中空体（图15a），如果我们切掉它的一个面，然后使它变形，让其成为一个平面（图15b）。

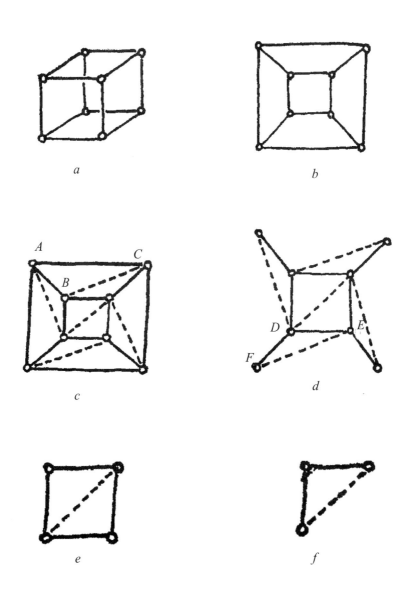

图 15　欧拉定理的证明。图中所画为正方体的情况，但得
到的结果对任何多面体来说均成立

这样的改变会使面积和棱之间的角度发生变化，但是这个平面网络的顶点数和边数与之前相比是没有变化的，因为只是切掉了一个面，只有多边形的数目比之前少了一个。

下面，我们要证明的就是对于这样的一个平面网络应当满足：$V-E+F=1$。如果成立的话，自然就可以得到没有切掉一个面的原多面体满足：$V-E+F=2$。

我们首先要做的是将这个平面网络"三角形化"，即在网络中不是三角形的多边形连接其对角线，分割成三角形。这样棱数E和面数F都会增加。但每多增加一条对角线，对应的面数同样也会增加一个，因此网络的$V-E+F$数值保持不变，对结果也没什么影响。

一些三角形在网络边缘，其中有的三角形只有一条边位于边缘，如$\triangle ABC$；有的则可能有两条边在边缘上。我们可以依次把这些边缘三角形中没有和其他三角形共用的边、顶点和面去掉（图15d）。那么我们就从$\triangle ABC$去掉了一边AC和这个三角形的面，只剩下顶点A、B、C和AB、BC两条边；从$\triangle DEF$中，我们去掉了这个平面、DF、FE两条边和顶点F。

在对$\triangle ABC$的处理中，E和F都减少1，但V不变，因而$V-E+F$的值不变。在对$\triangle DEF$的处理中，V和F各减少1，E减少2，因此$V-E+F$的值仍不变。我们就用这种方式一个一个地将这些边缘三角形去掉，直到还剩下最后一个三角形。一个三角形有三条边、三个顶点和一个面。我们计算一下这个简单的网络，V−E+F＝3−3+1=1。所以我们知道了，V−E+F并不随三角形的减少而改变，因此在最原始的那张网络中，V−E+F也等于1。但是，这个网络又比原来那个多面体少一个面，因此，对于完整的多面体，V−E+F=2是成立的。

欧拉公式因此得证。

欧拉公式有一条非常有趣的推论——只可能存在5种正多面体，在图14中已经将它们全部展示了。

如果你仔细推敲一下前面几页的内容就会注意到，在用数学推理方法证明欧拉定理时，以及在画出图14中所示的不同多面体时，我们都以一个假设为前提，而正是这个假设让我们在选择多面体时有非常大的局限性。假设就在于：我们用的多面体必须没有任何透眼。透眼并不是在气球上破了个洞，而是像面包圈或轮胎正中间的那个空洞。

从图16可以了解到这一点，图中有两种不同的几何体，它们和图14所示的一样，都是多面体。现在我们就要看一看，欧拉定理对这两个新的多面体是否适用。

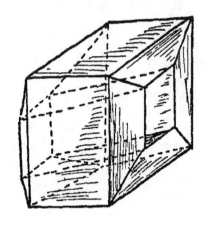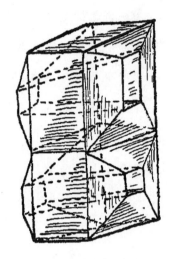

图 16 两个包含透眼的立方体，它们的透眼数量分别为 1 个和 2 个。这两个立方体的各个面都不是矩形，但这在拓扑学中并不重要

第一个几何体有16个顶点、32条棱和16个面，即V+F=32，而 E+2=34，此时公式已经不成立了；第二个几何体有28个顶点、60 条棱和30个面，V+F=58，E+2=62，这也不正确。

为什么会出现这种情况呢？在证明欧拉定理时用到的推理逻辑在这两个例子中又在哪里出现了问题？

问题在于，我们可以把以前所考虑到的多面体看成一个足球的内胆或气球，而现在这种新的多面体的形状则对应轮胎甚至是更为复杂的橡胶制品。在这类多面体上，我们连上面证明过程中必要的第一步——切掉它的一个面，然后使它变形，将它摊成一个平面都无法完成。

用剪刀把一个足球内胆剪去一块，这个过程很容易完成。而一个轮胎，无论你怎么努力也是无法完成的。要是图16还无法使你相信这一点，你大可以找条旧轮胎亲自动手试一试！

但是不要因此就以为这类较为特殊的多面体的V、E和F之间就没有关系了。它们依然存在某种关系，只不过和之前的不太一样罢了。表述得严谨一些就是，对于环状圆纹曲面形的多面体，V+F=E，而那对于花形的多面体则满足V+F=E-2。一般来讲，有 $V+F=E+2-2N$，其中N表示透眼的个数。

>>> 四色问题

另一个经典的拓扑学问题与欧拉定理关系密切，即"四色问题"。将一个球面划分成若干个区域，把这个球面涂上颜色，但是必须保证任何两个相邻的区域（即有公共边界的区域）不能使用相同的颜色。那么为了满足上述的条件，最少需要几种颜色？两种颜色显然是不够用的。因为当3条边界交于同一点时（图17中左边的图），就需要3种颜色了。

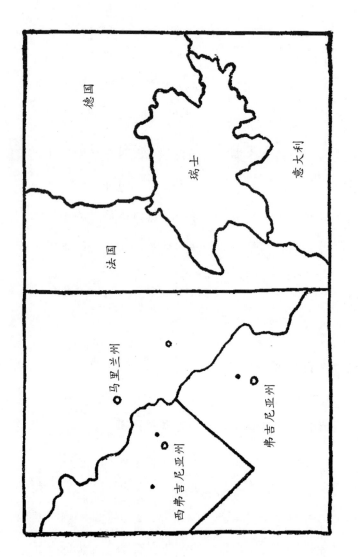

图 17 马里兰州、弗吉尼亚州和西弗吉尼亚州的地图（左）

瑞士、法国、德国、意大利的地图（右）

再往上加一个颜色也不难（图17右边的图）。这是曾经德国吞并奥地利时期的瑞士地图。

但是用了4个颜色之后，不管你之后再怎么画，无论在球面上还是在平面上，都找不到一张使用5种或者更多颜色才能满足要求的地图。一张地图不论有多么复杂，4种颜色就足以满足边界两边的区域颜色不同的要求了。

平面上和球面上的地图着色问题

平面上和球面上的地图着色问题是相同的。因为如果可以解释球面的地图上色问题，我们就能在某个单色地区上开一个小洞，然后把整个球面"摊开"成一个平面，和上面一样是典型的拓扑学变换。

不过，如果这种说法是正确的，数学上就应该有相应的证明方法。然而事实是，几代数学家的努力付出竟然也没能解决这个证明问题。这又是一个典型的在实际中成立，却在理论中无法给出证明的数学问题的实例。目前数学上只能证明有5种颜色就足够了。这个证明是基于对欧拉定理的实际应用做出的，考虑了国家数、边界数和数个国家接壤形成的三重、四重等交点个数。

由于这个证明过程太复杂，我们就不赘述了。读者可以在各类拓扑学的书中找到这个证明，并与它共同度过一个愉快的夜晚（也许是个不眠之夜）。如果有谁能够再进一步证明只要4种颜色就足以给任何地图上色，或画出一张4种颜色还不够用的地图，那么不论做到了上述两种情况中的哪一个，他一定会在理论数学领域拥有举足轻重的地位。

非常有意思的现象是，四色问题在球面和平面这种简单情况下是无论如何也证明不出来的；而在复杂的曲面，如面包圈形和麻花形中，却能顺利得到证明。比如，在面包圈形多面体中就有了定论，不管怎样划分，至少需要7种颜色才能使相邻区域的颜色不相同。与之匹配的实例也已经做出来了。

你若不嫌麻烦就亲自找一个充气轮胎和7种颜色的油漆。给轮胎上色，使每一个色块都和另外6种颜色相邻。如果做到这一点，那你就可以说自己对面包圈形曲面确实心中有谱了。

3

翻转空间

我们的宇宙很可能是自我封闭的，而且它会像莫比乌斯面那样扭曲。要真是这样的话，在宇航员环游宇宙一圈回到地球以后，心脏会不会就位于他的右胸腔了？那么制造手套和鞋子的制造商可就高兴了，他们可以简化生产线，只需制造出一边的手套和鞋子，然后让它们环绕宇宙，就可以得到另一边的了。

>>> 苹果和虫洞

我们到目前这个阶段讨论的还都是各种曲面，也就是二维空间的拓扑性质。同样也可以就我们所在的三维空间提出类似的问题。这么一来，地图着色问题在三维空间中可以这样表述：用不同的材料制成不同形状的小块，并把它们拼在一起，要保证两块同一种材料制成的小块不能有接触面，那么至少需要用多少种材料？

什么样的三维空间和二维情形下的球面或环状圆纹曲面相对应呢？能不能找出一些特殊空间，使它与一般空间的关系与球面或环状圆纹曲面同一般平面的关系对应？

乍一看，我们对这个问题似乎毫无头绪，因为尽管我们能轻易地想出许多种类的曲面，但我们相信三维空间只有一种，就是我们所熟知并且生活在其中的这个物理空间。

然而，这种想法是有欺骗性的，需要引起注意。只需发挥一下想象力，就能想出一些三维空间，并且与欧几里得的几何教科书中描述的空间完全不同。

对三维空间想象力匮乏的重要原因就在于，我们本身也是生活在三维空间中的生物，我们只能"从内部"来观察这个空间，而不能像在观察各种曲面时那样——从它们的"外部"去看。好在我们同样可以通过做一些练习，以便理解这些奇异空间时少一些困难。

我们首先可以在想象中构建一种三维空间的模型，这个模型与球面有类似的性质。球面的主要性质是：它的面上没有边界，却围出了确定的面积，而且它是弯曲的、封闭的。所以是否可以想象出同样封闭，并且具有确定体积而没有边界的三维空间呢？

那就让我们设想两个球体，这两个球体都是被自己的球形表面包围着，就好像是两个没削皮的苹果。接下来设想这两个球体"互相穿过"，沿外表面连接在一起。当然我们并不是想要表达两个物理学上的物体，比如苹果被挤压得穿过对方而且外皮结合在一起这种意思，真实的苹果就算是被挤成苹果汁，它们也不会互相穿过。

换一个说法，现在有个苹果被虫子吃出弯曲而互相盘绕的虫洞。再假设有两只虫子，一只黑的和一只白的，它们彼此十分讨厌对方。

因此哪怕它们是从苹果皮上紧挨着的两个洞口蛀食进去，但是在苹果内，两只虫蛀的虫洞并不相通。如图18，这样一个苹果，被两条虫子蛀来蛀去，两条紧紧缠绕着的通道布满整个苹果内部。但是，尽管黑虫和白虫的虫洞在我们看来挨得很近，可如果要想从这两条迷宫中的任意一个跑到另一个里面去，只能先回到表面才行。

假设虫洞越来越细，缠绕也越来越复杂，最后就会在苹果内得到两个独立的、互相交错的空间，它们仅仅使用公共的表面，也就是同一个苹果皮。

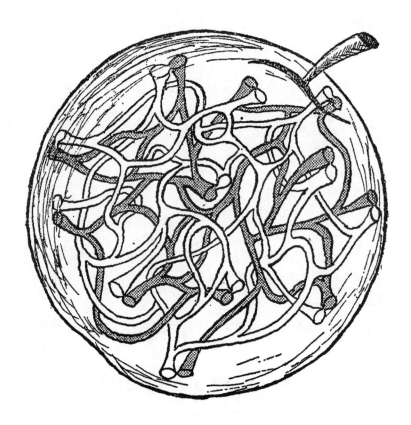

图 18　被虫蛀洞的苹果

如果你不喜欢上面虫子的例子，我们可以看一看纽约世博会的球形建筑中的双通道系统的例子。

假设每一条通道系统都绕过整个球体，但要从其中一个通道系统的一个点到达另一个通道的邻近点，只能先回到球面，从球面上再进入另一个通道。这两条通道互相交错缠绕但并无交点。

在不同的通道内，即使你和另一个人离得很近，但想要碰触到对方或见面，都要绕好多的路。重点是，两个通道系统的连接处和其在球内的各点并没有什么不同，我们改变一下整个结构，用拓扑变换的方式将连接点放到里面去，把原来在里面的点放到外面。还有一个重点是，尽管两个通道的总长度是一定的，这个模型中不存在"死路"。

尽管在通道中行走，你是不可能被墙壁或围栏挡住的，只要你走的距离足够远，那么一定会回到出发的地方。人们如果从外面看这个结构，就可以轻松断定，弯曲成球形的通道最终会使在里面行走的人回到出发点。但是对于处在内部不知道外面情况的人来说，这是一个具有确定大小而无明确边界的空间。

我们在第四章的讨论中将会发现，这种具有确定大小而无明确边界的"自我封闭的三维空间"在讨论一般宇宙的性质上非常实用。

事实上，通过倍数最高的望远镜似乎观测到了宇宙在我们视野的边缘开始扭曲了，有一种明显的扭曲回来、自我封闭的趋势，这就很类似虫子在苹果中蛀出的通道。不过在开展这个研究课题之前，我们还需要知道那些有关空间性质的其他问题。

苹果和虫洞的例子还没有说完。接下来讨论的就是，被虫子蛀过的苹果能否换成一个面包圈。我们不是探讨哪种食物更美味，只是将形状变化一下。我们研究的是几何学而不是美食。让我们回顾之前的"双苹果"，即两个"互相穿过"并且表皮"结合在一起"的苹果。假设一只虫子在其中的一个苹果中蛀出了一条环形通道，如图19所示。

值得注意的是，虫子只在其中一个苹果里蛀了洞。通道外的每一点都是从属于两个苹果，而通道内则只有那个未被蛀过的苹果的果肉。这样一来"双苹果"就有了一个由通道内壁构成的自由表面（图19a）。

假设苹果的可塑性很大，可以随意变形。那么在苹果不裂开的情况下，这个苹果能不能变成面包圈？

还有一种更加直接的办法，我们把苹果切开，然后按照我们想的形状重新粘好就行了。

首先，去除粘好后的双苹果的果皮胶质，分开两个苹果（图19b）。用 I 和 I′两个罗马数字分别表示两张果皮，这样便于

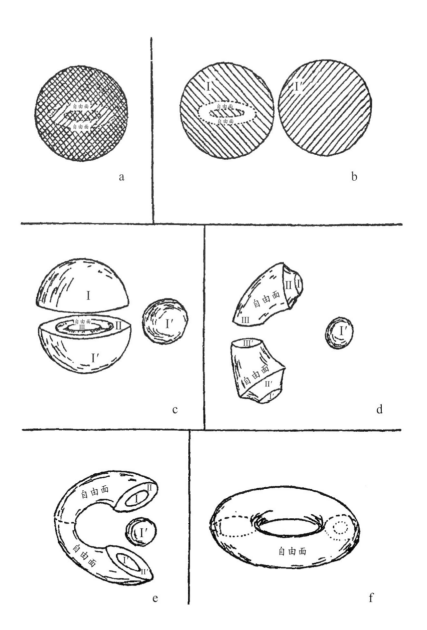

图 19 怎样把虫蛀过的苹果变成一个"面包圈"

在以下的步骤中操作，在最后的时候要把它们粘回去。我们沿隧道把被虫子蛀过的苹果切开（图19c）。这样就有了两个新的面，分别记为Ⅱ、Ⅱ′、Ⅲ和Ⅲ′。

同样地，最终我们还是把它们粘起来。现在，隧道的自由面暴露了出来，暴露出来的自由面也会成为面包圈的自由面。再往后就按图19d的样子来操作这几个部分。

现在，我们把自由面拉伸到相当大（因为按照我们的假定，苹果是可以任意伸缩的）。而切开的面Ⅰ、Ⅱ、Ⅲ的尺寸都变小了。

在此之后，对第二个苹果有如下操作：把它缩小到樱桃那么大。最后再粘回去。

第一步先把Ⅲ、Ⅲ′粘上，这一步并不难，如图19e所示。第二步把缩小的那个苹果放在第一个苹果的开口中间。将开口收起，球面重新粘在一起，切开的面Ⅱ和Ⅱ′再次结合起来。看！这样一来，我们得到了一个多么精致，多么平滑的"面包圈"！

可是我们这样做有什么用呢？其实并没有什么用，我们只是动动脑子，让你切身体会一下抽象的几何学罢了。但这样做能帮助你理解这些不常见的弯曲空间和自我封闭空间。

如果想进一步提高你的想象力，那就看看下面这个应用到实际的例子。

你恐怕从来没想过自己也曾是一个形似面包圈的小物体吧？生命在发育的最初阶段（胚胎阶段），要经历原肠胚这一时期。在此时期，胚胎是球形的，胚胎中间有一条通道。营养从通道一端进入，生命体吸收对自己有用的养分后，废弃的物质从另一端排出。

当生命体发育得越来越成熟的时候，这条通道也就变得越来越细和复杂。但是主要功能没有什么变化，面包圈似的拓扑形状也没有再发生变化。

原来你自己就是个面包圈，那么试一试按照图19的反向过程想象一下把自己的身体翻过去，成为内部有通道的双苹果。这样，双苹果的主体就是你身体中各个彼此交错的部分，太阳、地球、月球和其他星系乃至整个宇宙都被塞进了狭小的通道中！

你可以试着做一下，看看你做的是什么样子的。如果画得好，就连**达利**本人都要称赞你是大师级别的超现实主义画派的画家了（图20）！

萨尔瓦多·达利（1904～1989）

西班牙著名超现实主义绘画大师。他具有丰富的想象力和非凡的才能，他的作品把怪异梦境般的形象与卓越的绘画技术和受文艺复兴大师影响的绘画技巧令人惊奇地混合在一起。

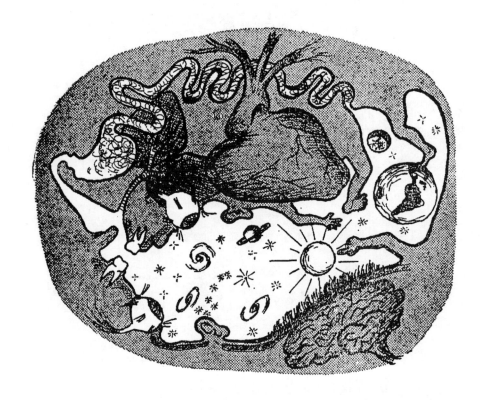

图 20　翻转的宇宙。这幅画具有超现实主义特点，画上面有一个人在地球表面上行走，同时抬起头看天上的星星。这幅画是根据图 19 的方法进行变换的。地球、星星、太阳被塞进人体内的一个狭窄的环形通道里，被人体的内部器官包裹着

>>> 左手系和右手系

我们在这一节已经说很多了，但是还没有结束。我们要讨论左手系和右手系，以及它们与空间的一般性质的关系。讨论从一只手套开始。

比较一副手套的左右两只（图21）会发现，这两只手套大小都一样，但是同时又有明显的不一样：你不可能把左手的手套戴在右手上，同理也不能把右手的手套戴在左手上。无论你将手套

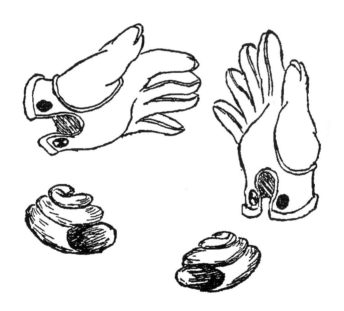

图21　左手系和右手系，它们看起来很相似，
但是完全不同

汽车驾驶系统

美国的汽车为左舵，即方向盘在左侧前座，靠右行驶，与中国相同；而英国则相反，右舵靠左行驶。

怎么扭曲，哪只手的手套永远只能戴在哪只手上。除了手套，还有鞋子、**汽车的驾驶系统**和许多其他物体，都体现出了左手系和右手系的区别。

但是另一些物品，如帽子、网球拍等，就不存在这种差别。而且也从来没有人生产或买几个左手用的茶杯。如果有人让你去找邻居借一把左手专用的扳手，你一定会觉得这个人疯了。分左右手系的物品和不分的物品有什么区别呢？

仔细观察就会发现，帽子、茶杯等这一类物体都有一个对称轴，沿着这个轴可以将物体分成两个对称的部分。而手套和鞋子就没有这样的对称轴。任凭你怎么切割，就是不能把一只手套或鞋子切割成完全一样的两个部分。我们称不具有对称轴的一类物体为非对称的，而且这类物体可以分成左手系和右手系两类。

不仅人造物体有这两个系的差别，自然界中也可以找到这样的存在。比如蜗牛这种常见的动物，它们除了蜗牛壳其他都一样：一个蜗牛的壳是顺时针的，另一个是逆时针的。

即使是在组成物质的分子层面上，也存在上述类似左右手套和蜗牛壳的情况，存在左旋和右旋两种形态。虽然我们用肉眼无法看见分子，但是我们可以通过其构成的物质来分析该物质的结晶形状和光学性质，从而了解这种不对称性。比如糖类，有左旋糖（果糖）和右旋糖（葡萄糖）。还有更不可思议的事情，以这两种糖为食的细菌，也只吃与自身有同类自旋的糖。

看到以上的内容，似乎左手系和右手系是不能相互转化的，那么事实真的是这样的吗？有没有可以将它们相互转化的神奇空间呢？我们可以通过在平面上生活的纸片人来解答这个问题。这样我们就可以站在高一维的视角研究二维的各种现象。

图22描绘了纸片国——二维的空间的几个可能的代表。那名站着的、手里拎着一串葡萄的人可以叫作"正面人"，因为他只有"正面"而没有"侧面"。在他旁边的动物是一头"侧面驴"，更确切地来讲，这是一头"右侧面驴"，同样也可以有"左侧面驴"。

从二维的角度出发，这两头驴只在这一个平面上，正如三维空间的左右手手套一样。左右面身的两头驴就好比一副手套的左右手一样，不能完全重合，如果想要让它们鼻子对着鼻子、尾巴对着尾巴的话，必须把其中一头驴翻个底朝天，要是这样的话，它就四脚朝天了。

图中描绘了二维曲面上的"纸片生物"，他们的生活就是这个样子，不过他们并不"现实"。因为那个小人没有侧面只有正

图 22　生活在二维曲面上的纸片生物。不过这样的
生物并不现实，那个人有正面没有侧面，他不能把
葡萄放进自己嘴里，驴子倒是可以吃到葡萄，但它
只能向右走，不然只能倒着走

面，所以他吃不到手里的葡萄，那头驴倒是可以吃，但是它只能
向右走，要想吃葡萄只能倒着走，但是这也太奇怪了。不过让这
头驴从二维空间中脱离，放在三维空间中转一个方向，那么它就
能和另一头驴完全重合了。

　　用这样的方法，我们是不是也可以把其中一只手套放到四维
空间中旋转一下，再放到三维空间，它就能和另一只手套完美重

合了呢？但是，我们的空间没有四维，这样的方法不能实现，那有没有其他的方法实现呢？

继续回到二维平面中。不过这次，我们要把图22那样的一般平面，换成莫比乌斯面。德国数学家莫比乌斯在1个多世纪以前（也就是20世纪前的1个多世纪）是第一个对它进行相关研究的人，这种平面因此得名。制作方法简单，你也可以制作：只需一张普通的长条纸带，然后把一端拧一个弯后，将两端粘在一起形成一个环。

图23画出了制作方法。这种面有很多性质，其中一点比较特殊的是：拿一把剪刀沿平行于纸带边缘的中线剪一圈（沿图23上的箭头），按我们所预期的，纸带会变成两个独立的环；但真正剪完之后，会发现我们预期的是错误的：得到的不是两个环，而是一个环，而且这个环的长度是原来的一倍，宽度是原来的一半！

既然如此，我们看一头纸片驴沿莫比乌斯面走一圈会变成什么样。假定它从位置1（图23）出发，这时它是头"左侧面驴"。图上提示得很清楚，它向前走，经过了位置2、位置3，最后接近出发点。可是我们惊奇地发现，此刻它竟然是头朝下、脚朝上的！它如果再在面内转一下，让蹄子朝下，头的方向竟然和原来不一样了！

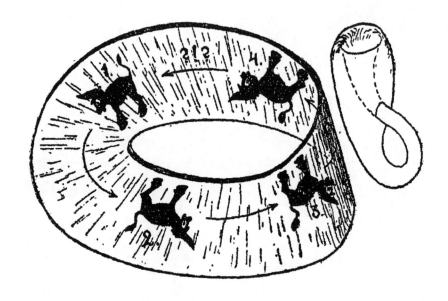

图 23　莫比乌斯面和克莱因瓶

　　简而言之，"左侧面驴"沿莫比乌斯面走一圈后，变成了
"右侧面驴"。并且我们要注意，整个过程中驴一直处在这个面
上而没有离开前往三维空间进行旋转。所以事实就是：

　　　　在扭曲的平面上，只要通过扭曲处，左、右手系的物
　　体就可以发生互换。

莫比乌斯面是一个更具有一般性的曲面的一部分，这个曲面通常被叫作"克莱茵瓶"（如图23所示）。它自我封闭且没有明显的边界，所以这个瓶只有一个面。

如果在二维空间中有这种面，那么三维空间也有可能发生同样的情况，这样的情况对应的即为空间的某种扭曲。不过在我们的三维空间中想象出莫比乌斯扭曲可要费不少力。我们不能像看纸片人那样从高一维的空间看自己所在的空间，因为置身其中往往不能看得很清楚。

我们的宇宙很可能是自我封闭的，而且它会像莫比乌斯面那样扭曲。要真是这样的话，在宇航员环游宇宙一圈回到地球以后，心脏会不会就位于他的右胸腔了。那么制造手套和鞋子的制造商可就高兴了，他们可以简化生产线，只需制造出一边的手套和鞋子，然后让它们环绕宇宙，就可以得到另一边的了。

用这个奇特的想象作为有关空间的与众不同的性质来结束我们的讨论吧！

四维世界

CHAPTER 4

时间是第四维

我们经常把时间和空间放在一起来描述我们周围发生的事情。当我们提到在宇宙中发生的事件时，比如在街上遇到老朋友，或是有星体在遥远的空间中发生了爆炸，一般除了提到这些事情是在何处发生的外，还会提到它发生的时间。这样一来，表示空间位置的要素在三个方向要素的基础上又增加了第四个要素，也就是时间。

>>> 四维空间的概念

人们通常认为四维这个概念既神秘又让人捉摸不透。我们人类是只有长度、宽度和高度的生物，哪里有勇气去探讨四维空间的样子呢？

我们这些三维的大脑是否能想象出四维空间的真实情景呢？一个四维的正方体或四维球体的样子到底是怎样的呢？在我们想象一头能从鼻子里喷出火、身上长着鳞片的巨龙，或一架内部有游泳池、两个机翼上各有一个网球场的超级客机时，它们在我们脑中浮现的样子其实就是这些东西在我们面前出现的样子。

而当我们对想象出的事物进行描述时，这些事物依然是被大家所熟知的，包括普通的物体和我们自己的三维空间。如果"想象"的含义是这样的，那我们大概也无法想象把一个四维空间的物体放进三维空间是什么样的了，就像在二维空间中不能硬塞进来一个三维物体一样。

不过，我们还是可以在平面上画一个三维物体，所以从某种角度看，把三维物体压进二维空间中还是有可能的，当然我们不能采用液压机这种物理上的力把三维物体"压"进去，而是用了另一种方法——"几何投影"法。

图24向大家清晰展现了用这两种方法将物体（比如马）压进平面的根本区别。

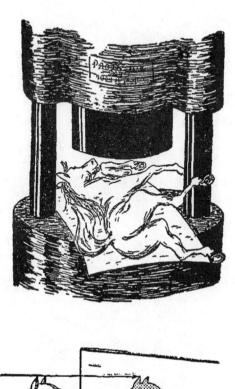

图 24 把三维物体"压入"二维平面

很明显，图24中的上图绝对错误，下图正确。

当然，很明显我们不可能把四维物体完整地"压进"三维空间中去，但还是可以研究四维物体在三维空间中的"投影"。

不过有一点一定要记住，如果一个四维物体在三维空间中实现了投影，那么可以看到这个投影是立体的，因为三维物体在平面上进行投影时，呈现出来的是二维图形。

为了更清晰地理解这个问题，我们先来设身处地地假设一下在平面上居住的二维纸片人是怎么理解三维立方体的。我们作为生活在三维空间里的生物，可以非常容易地观察二维空间上方的世界，也就是从第三个方向进行观察。

可以用图25中显示的方法将立方体"投影"到平面上，这也是唯一能将立方体"压"进平面的办法。假设我们旋转立方体，就会有不同的投影出现。

通过观察这些投影，那些生活在二维空间的纸片朋友就能或多或少地了解这个被称为"三维立方体"的神秘图形的性质。虽然他们不能像我们一样跳出这个平面，从第三个方向看这个立方体。但只要看看这些投影，他们就能知道这个立方体有8个顶点、12条边，等等。

图 25　二维纸片人正在惊讶地看着三维立方体投影在
他们的世界上

　　这时，我们再看看图26，你就会发现，自己和那些纸片人一样，处在一个需要思考比自己的维度还要高的物体的困境了。实际上，图中的那一家人相当惊讶地观察着的那个奇怪而复杂的东西，就是来自四维空间的超正方体投影在三维空间中出现的景象。更准确的描述是，图26所示的投影是超正方体的三维投影在平面上的投影。

图 26　一个超正方体的投影

　　仔细观察这个东西不难发现，它的特征和图25中让纸片人非常吃惊的图形特征是相同的：普通立方体投影在平面上时，出现的是一个正方形套在另一个正方形里，并且顶点与顶点之间是用线连在一起的；超正方体投影在一般空间中，出现的是一个正方体套在另一个正方体里，其顶点也是相连的。

如果你数一数超正方体的顶点数、棱数和面数，你就会知道，它有16个顶点，32条棱和24个面。真是一个像模像样的立方体，对吧！

>>> 四维球体

现在，我们来想象一下四维球体的样子。在这之前，最好还是给大家先找一个熟悉的例子看一下，比如一个普通圆球投影在平面上，会出现什么图形。

我们假设有一个透明球投影在一面白墙上，这个透明球上标有陆地和海洋（图27）。

在二维平面中，这个透明球的两个半球的投影是重叠在一起的，而且投影上的美国纽约与中国北京之间的距离很近。然而，这只是我们在表面上看到的。

其实，投影中的每一个点表示的是球上的两个对着的点。如果有一架飞机从纽约飞往北京，那么这架飞机的投影会从这个点出发移动到球体的投影边缘，然后再原路返回。

尽管我们看到图上的飞机航线是重叠的，但是如果它们的飞行航线"的确"是在两个半球上，那么它们就不会撞在一起。

好了，我们已经知道了普通球体在平面上投影的性质。我们可以再想象一下，就很容易知道四维超球体在三维空间投影时出现的形状。普通圆球投影在平面上的形状是两个相互重合的（点对点）、只在圆的外围连接在一起的圆盘。

依此类推，超球体在三维空间中的投影应该是两个相互连通并且外表面相连的球体。是的，我们在上一章中已经讨论过这种结构了，不过那时提到它，是把它当作类似于封闭球面的三维封闭空间的例子。

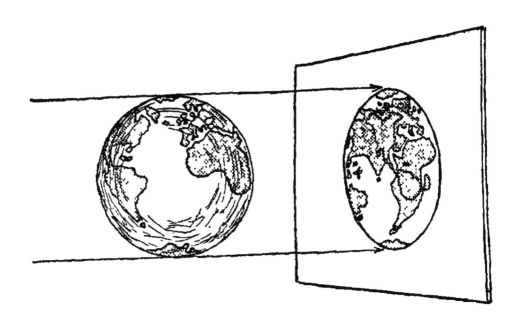

图 27　地球的平面投影

这里我们只需加以补充说明：四维球体在三维空间中的投影就是上一节中提到的，两个顺着整个外表皮长在一起的神奇苹果（双苹果）。

用这种方法，我们还可以回答更多与物体其他性质相关的问题。只不过不论怎样处理，我们也完全不能在我们所在的三维物理空间中"想象"出第四个独立的方向。

>>> 第四个方向要素——时间

不过如果进一步思考一下，你就会发现第四个方向其实也没那么神秘莫测。因为我们可以用一个差不多每天都会用到的词语来表示它，并且这个词语也确实是物理世界中的第四个方向，它就是"时间"。

我们经常把时间和空间放在一起来描述我们周围发生的事情。当我们提到在宇宙中发生的事件时，比如在街上遇到老朋友，或是有星体在遥远的空间中发生了爆炸，一般除了提到这些事情是在何处发生的外，还会提到它发生的时间。这样一来，表示空间位置的要素在三个方向要素的基础上又增加了第四个要素，也就是时间。

当我们认真思考后就会知道，实际上，一切物体都是四维的：空间是三维的，时间是一维的。你居住的房屋是在长、宽、高和时间四个维度上延伸的。时间维度的延伸可以从房子建成后开始算，一直到它被大火烧毁，或者被施工队拆除，或者因年久失修而倒塌为止。

没错，时间这个方向要素与其他三维方向要素有着很大的区别。我们使用钟表来度量时间："秒"用嘀嗒声表示，"小时"用当当声表示。而我们使用尺子来度量空间。虽然物体的长、宽、高可以用尺子来度量，但这把尺子却不能变成一块表来衡量时间的流逝。在空间中，你可以向前、向后、向上，向各个方向运动，然后再返回来；但在时间中，你却不能回到过去，只能从过去走向未来。

虽然时间和空间有这样的区别，但我们还是可以把时间当作物理世界的第四个方向要素，只不过需要清楚，它和空间是有不一样的地方的。

当时间被我们选为第四维时，用在本章开头提到的方法对四维物体进行描述是非常合适的。你还记得那个四维空间里的超正方体的投影是多么奇特吗？那个超正方体竟然有16个顶点、32条棱和24个面！怪不得图26上的那个物体会让其他人异常惊讶呢。

不过，"时间是第四维的"这个新的观点其实就是在说，一个普通立方体在世界存在了一段时间后就变成了超正方体。

假如，你在5月1日用12根铁丝做了一个立方体，过了一个月之后拆掉它。那么，这个立方体的每个顶点都沿时间方向延伸出了一条线，这条线的长度是一个月。

你还可以把日历挂在顶点上记录时间历程，每个顶点各有一个，每过一天就翻一页（图28）。

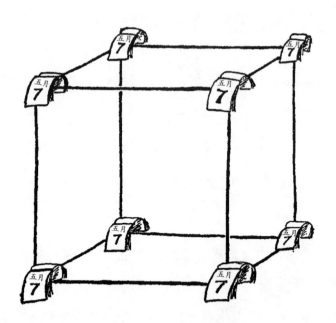

图 28　用立方体做成的日历

这样的话，你就可以很容易想出四维超立方体的棱数了。在它最原始的时候是立方体，有12条棱，那么结束时也有12条棱，另外还有8条棱是描述各个顶点的存在时间，被称作"时间棱"。

同理，用这种方法就可以知道这个超立方体的顶点数为16；

四维超立方体的棱数

如果你不理解，可以想象一下，有一个正方形，它的顶点数为4，边数也为4，如果顺着与4条边垂直的方向延伸出一段和边长相等的距离，那么它就又有4条边了。

假设5月1日，它有8个顶点；到了6月1日，它也是8个顶点。那么，面的数目也是如此，你可以自己练习着数一数。

不过，在这里有一点需要注意：这些面中有一些属于普通立方体，还有一些是属于"半空间半时间"面，这些面是在5月1日到6月1日延伸出来的。

>>> 世界线与世界束

上述方法既可以在四维正方体中使用，也可以在其他的几何体或者物体上使用，不管这些物体是否有生命。

比如说你可以把自己当作是一个四维空间体，从你出生开始一直到你离开这个世界的那天，看起来像是一根很长的棒子。很遗憾的是，我们无法把四维物体在纸上呈现出来，那么我们用一个二维纸片人来展示一下这种情况。

如图29所示，与纸片人所在的二维平面相垂直的方向是时间方向。这幅图展示的是纸片人的全部生命过程中的一小部分。

如果想要展示整个生命过程，就要用一根更长的棒子才行：刚出生的那一端很细，然后在中间的很多年，这根棒子一直处于变化之中，最后到生命结束时，形状才能保持不变（因为没有生命，就不会变化），然后身体开始分解。

如果想要进行更准确的描述，我们应该这样形容，有很多根纤维集合成了一束纤维，每一根都是一个原子。

在生命的长河中，大部分纤维聚集在了一起，但也有一小部分纤维会在像是你剪指甲的那些时刻离去，因为原子是永远存在的。

当一个人死后，他的尸体会进行分解，可以把这个过程看作是各个纤维丝向着四面八方飞去，除了骨骼纤维还留在原地的过程。

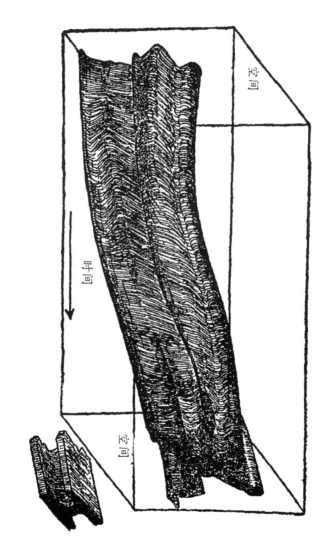

图 29　纸片人的全部生命过程中的一小部分

这种表示单独的物质微粒的历史线用四维时空几何学的语言命名就是"**世界线**"（时空线）。

同理，物体是由一束时空线组成的，那么这种时空束就被称为"**世界束**"。

如图所示，图30是一个世界线的例子，它表示的是太阳、地球和彗星。和前文中的例子一样，时间轴垂直于二维平面，也就是地球轨道平面。和前面举的例子相同，我们让时间轴与二维平面（地球轨道平面）垂直。

世界线

作者伽莫夫创造了"世界线"这个词。在他去世前，他的自传的名字就叫作《我的世界线》。

世界束

在这里用"世界束"更恰当。不过，在天文学中，恒星和彗星都可以看作一个点。

在这张图中，我们用平行于时间轴的直线表示太阳的世界线，因为我们假定了太阳静止。地球围绕太阳旋转的轨道，是一个有点儿像圆形的图形，所以，它的时空线是一条螺旋线，这条螺旋线刚好是围绕太阳时空线的。

彗星的时空线先离太阳的时空线越来越近，之后又越来越远。我们发现，如果用四维时空几何学的角度看宇宙的历史，

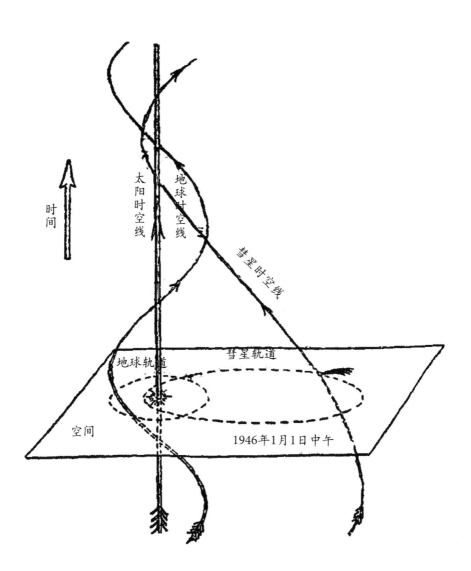

图 30 世界线（时空线）示意图

它是和拓扑图形完美地结合在一起的；如果想要研究某一个原子、动物或恒星是如何运动的，只需要去看它所对应的时空线就能知道。

时空当量 2

如果制定一个标准速度，并且所有人都认同它，那么就可以用长度来表示时间，反过来也可以用时间表示长度。进而我们就明确了一点，这个可以在空间和时间之间转换的速度，应该是客观不变的，不会受到人为或者物理环境改变带来的影响。根据我们现在掌握的物理知识，能够满足这些条件的是光在真空中进行传播的速度，称为"光速"。

>>> 第一个测量光速的人

如果我们认为时间是第四维，与空间的三维是差不多等效的话，就遇到了一个难以解决的问题。当我们在测量一个物体的长、宽、高时，这三个数值使用的是同一个单位，比如厘米或米。但是时间的单位既不是厘米也不是米，而是分钟或小时，这是完全不同的单位。那么我们该如何把这两种单位进行比较呢？

比如，一个四维超立方的长、宽、高都是1米，那么该怎么用时间单位表示1米呢？是1秒等于1米，还是1小时等于1米，还是1个月等于1米？1米和1小时，到底哪一个长呢？

乍一看，这个问题完全不能讲通。但是如果你能仔细想想，其实也可能有办法比较长度和时间。比如，我们常常会听别人这样说"我住在距离这里汽车车程20分钟的地方"，或是某个地方"如果乘坐火车，只用5个小时就能到了"。在这种表达中，其实就是用到达那个地方需要花费的时间来描述距离。

如果制定一个标准速度，并且所有人都认同它，那么就可以用长度来表示时间，反过来也可以用时间表示长度。进而我们就明确了一点，这个可以在空间和时间之间转换的速度，应该是客观不变的，不会受到人为或者物理环境改变带来的影响。根据我们现在掌握的物理知识，能够满足这些条件的是光在真空中进行传播的速度，称为"光速"。

不过我们称呼它为"物质作用的传播速度"可能会更合适。诸如电的吸引力或是重力这种所有物体之间的作用力，在真空中都具有相同的传播速度。另外，在后面我们还会知道，光的速度是所有物质的速度的上限，任何在空间中运动的物体的速度都不会比光速快。

17世纪，出现了第一个尝试测量光速的人，这个人是意大利物理学家**伽利略**。他和助手在佛罗伦萨的郊外，进行了这项实验（图31A）。在一个周围都是漆黑一片的夜晚，他们两人手上都提着一盏有遮光板的灯来到郊外的原野上，彼此之间的距离大约有几千米。

伽利略·伽利雷（1564～1642）

　　意大利天文学家、物理学家，他是近代科学实验的奠基人之一，他比较著名的一个实验是对物体的自由下落运动做了细致的观察，从实验和理论上否定了统治两千年的亚里士多德的落体运动观点，即重物比轻物下落快。

待他们准备好后，伽利略打开了遮光板，灯光就射向了助手的方向。在做实验之前，他们已经商定好，助手只要看到伽利略射来的灯光，就必须立刻把自己的遮光板打开。如果说伽利略的灯发射出光线到助手那里，然后再返回，这个过程是需要一段时间的话，那么从伽利略让光线发射到助手那里到看到助手射过来的光线，肯定也有一段时间。事实上，他也的确检测到了这个时间的间隔。但是，当伽利略拉大他和助手之间的距离到原来距离的两倍远的时候，他们再做这个实验时，时间间隔却没有变化。

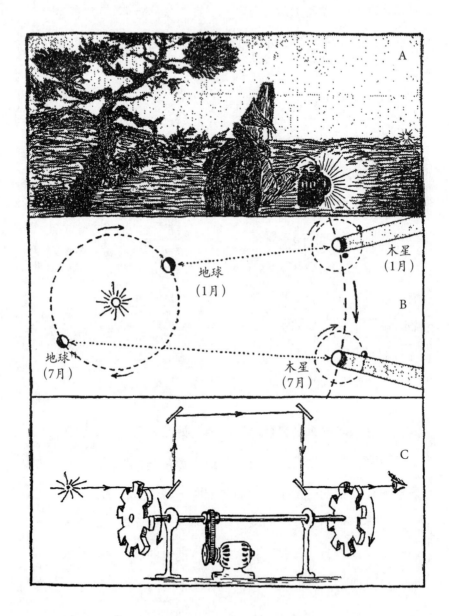

图 31 测量光速的实验示意图

很明显，光的传播速度太快了，只是拉长这么短的距离，并不能让光的传播延长多长时间。而伽利略看到的时间间隔，其实并不是光传播的时间，而是助手在看到光线后没能马上反应，没有瞬间打开遮光板产生的——现在，我们称它为反应延迟。

尽管在这次实验中，伽利略并没有得到什么成果，但他在天文学领域研究的成果——木星有自己的卫星，在后来首次测定光速的实验时，发挥了基础性的作用。

1675年，丹麦天文学家雷默在对**木星卫星蚀**进行观察时，发现每次木星卫星运行到木星后面时，在木星阴影里停留的时间并不是等长的，这是由于当发生木星卫星蚀的现象时，木星离地球的距离是不一样长的，所以木星卫星蚀的时长也是不一样的。

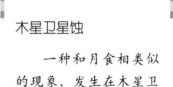

木星卫星蚀

一种和月食相类似的现象，发生在木星卫星运行到木星后面时。

雷默立刻认识到（观察图31B可以了解），这种情况并不是因为木星卫星运行没有规律，而是因为木星和地球之间的距离是变化的，所以木星卫星蚀传播的时间也是不一样的。他对观测数据进行了运算，发现光速大概是185,000英里/秒（约300,000千米/秒）。

这就解释了为什么伽利略和助手站在两个地点之间测不出来光速了，因为光线从伽利略的灯发射出去，到达助手那里，再返回来的时间只有十万分之几秒。

>>> 斐索测量光速的装置

虽然伽利略在实验中用到的仪器不能测出光速，但后来随着更精密的物理仪器出现，科学家成功地测出了光速。

图31C中的仪器是法国物理学家斐索用来测量短距离间的光速的装置。安装在同一根轴两端的两个齿轮是其核心部分，当我们沿轴的方向从一头看向另一头时，两个齿轮中前一个齿轮的齿对准了后一个齿轮的齿缝。这样的话，我们让一束非常细的和轴平行的光线，从一头射向另一头，不管齿轮是在哪个位置，光都不能穿过去。

现在，我们对这套齿轮系统施加一个高速运转的力，然后让光线从前一个齿轮的齿缝射入，那么过一段时间后，这束光线才能到达后一个齿轮。如果齿轮系统在这段时间里刚好转动了半个齿，那么这束光线就能从后一个齿轮通过。

这种情况和以某种速度行驶的汽车顺利地通过装有红绿灯的

街道的情况很相似。如果我们提高齿轮的速度，让它的新速度是原来速度的两倍，那么光线会从前一个齿轮穿过，射到第二个齿轮的齿上，光线也就被挡住了。

当我们进一步提高齿轮的转速，光线到达后一个齿轮时，这个齿已经转过去了。因此，只要知道光线出现的转速和消失的转速（或者是从消失到出现的转速），就可以计算光线在这套齿轮系统中的传播速度。

为了把需要的速度降低一些，延长光在两齿轮之间的传播距离，可以通过图31C中的反光镜达到这一目的。在斐索进行这个实验时，齿轮的速度达到每秒1000转时，就可以在齿缝中看到有光线射出来。这也就表明了，当齿轮达到这种转速时，光线从这个齿轮的齿缝走到另一个齿轮那里，后一个齿轮刚好转过了半个齿距。

因为这两个齿轮分别有50个齿，所以半个齿距的长度就是1%的圆周的长度。光线从前一个齿轮走到后一个齿轮的时间就和齿轮转一圈花费的时间的1%是相等的。将光线在两齿轮间传播的距离带入计算，斐索得到了光速为每秒186,000英里（300,000千米）。这个结果与雷默通过对木星卫星进行观察所得到的结果几乎一致。

>>> 光年的引入

在两位先驱者之后，人们又用了各种天文学和物理学的方法进行了一系列测量光速的独立实验。我们目前测得的最令人满意的光在真空中的速度（通常用字母c表示）是：

c=186,300英里/秒（299,776千米/秒）

一般想要表示天文学的距离，就要使用非常巨大的数字。如果我们用单位是英里或者千米的数值表示，那可能要把一整页纸都写得满满当当的。如果我们把非常大的光速当作标准来表示这些数字，就方便多了。

因此，如果有天文学家说有一颗恒星，距离我们5光年，其实就像是在说有一个地方我们要坐火车5个小时才能到一样。由于1年=31,536,000秒，那么1光年的数值就是：

31,536,000 × 299,776=9,453,735,936,000千米

我们用"光年"这个词表示距离，其实也就是认为时间是一种长度，并且空间就可以用时间单位来测量了。反过来，我们同样可以有"光英里"这种单位，它的意思是指光线通过1英里的距离所需要的时间。将我们已知的条件带入计算，得出1光英里=0.000,005,4秒。

同理可以计算出，1光英尺=0.000,000,001,1秒。这样我们就找到了在前面一节中提出的如何测量四维正方体尺寸的答案。如果这个四维正方体的每一个空间尺度都为1英尺（约0.3米），那么时间尺度就应为0.000,000,001,1秒。如果这个正方体存在的时间有一个月那么长，我们就可以想象这是一根在时间方向上比其他方向长得多的四维棒了。

3

四维空间中的距离

不管你是谁，哪怕是了不起的爱因斯坦，也不能在一把尺子上盖上一块布，然后对着这块布挥舞魔术棒，念一句"时间过来，空间走开，变——"的口诀，随后就有一个闪着光的新闹钟变出来。

>>> 用空间和时间描述事件

当我们知道了空间轴和时间轴上不同单位的对应关系，就可以接着去想：如何理解四维时空世界中两点间的距离？这里我们说的每一个点已经是空间和时间的结合，也就是与我们通常所说的"一个事件"有对应关系。为了说明这一关系，接下来我们就举出两个事件的例子（图32）。

　　事件一：1945年7月28日上午9点21分，有一家银行遭到了抢劫，这家银行位于纽约市第五大道和第五十街交叉口的一栋大楼的一层。

　　事件二：同一天上午9点36分，一架军用飞机在大雾中撞到了帝国大厦79层，这个帝国大厦位于纽约市第三十四街与第五大道和第六大道之间。

　　这两个事件的南北距离是16个街区，东西距离是半个街区，高度差了78层楼；而发生的时间前后错开15分钟。当然，想要表达这两个事件相距的空间上的距离，没有必要详细地说出都在哪条街的几号、多少层楼。

　　因为我们可用勾股定理计算它们之间的直线距离，具体方法是测量出两个空间点的坐标距离，进行平方和开方运算。在这之前就需要把各个数据用相同单位表示，比如都用英尺（1英尺约0.3米）。

　　如果相邻两街的南北距离为200英尺，东西距离为800英尺，每层楼的层高平均为12英尺，那么，就可以算出这两个事件在三个维度上的距离，南北相距3200英尺，东西相距400英尺，上

图 32 抢劫银行事件和飞机撞击帝国大厦事件示意图

下相距936英尺，用勾股定理进行计算，就得出了这两个事件的发生地的直接距离是：$\sqrt{3200^2+400^2+936^2}=\sqrt{11{,}276{,}096}\approx3360$英尺（约1024米）。

如果时间作为第四坐标出现的确存在价值，我们就能通过结合3360英尺的空间距离和15分钟的时间距离，得出一个四维距离，这个距离可以表示这两个事件。

根据爱因斯坦原来所想的，要计算四维时空的距离，只要把勾股定理进行简单延伸即可。并且，和单独的空间距离、时间间隔相比，这个距离在每一个事件的物理关系中所发挥的作用会更基础一些。

想要结合时间和空间，第一步就是把各个数据换算成相同的单位表示形式，就像街道间的距离和楼房的高度都是用相同的单位英尺表示一样。我们在之前已经提到了，只要把光速当作转换因子，就可以很容易地处理这个问题。

这样的话，如果时间间隔为15分钟，那么它换算成"光英尺"就是800,000,000,000光英尺。简单地延伸一下勾股定理，四维距离的定义就是三个空间坐标距离和一个时间坐标距离的平方之和，再开平方，事实上我们就抹去了空间和时间的所有区别，承认它们之间是可以进行相互转换的。

>>> 如何计算事件之间的四维距离

不管你是谁，哪怕是了不起的爱因斯坦，也不能在一把尺子上盖上一块布，然后对着这块布挥舞魔术棒，念一句"时间过来，空间走开，变——"的口诀，就有一个闪着光的新闹钟变出来（图33）。

所以我们应用勾股定理将时空结合为一体时，应该用一些特殊方式把它们本质上的区别保留下来。

按照爱因斯坦后来的想法，在这样的一个数学表达式中，可以通过在时间坐标的平方前加上负号的方式来表示空间长度和时间间隔之间的物理区别。这样的话，要计算两个事件之间的四维距离，可以把三个空间坐标的平方相加再减去时间坐标的平方，得到的结果进行开平方运算。同样还需注意，首先要把时间坐标的单位换算成空间坐标的单位。

因此，可以这样计算事件一和事件二之间的四维距离：

$$\sqrt{3200^2+400^2+936^2-800,000,000,000^2}$$

与前三项数字相比，第四项的数值真的是非常非常大的，这是因为这个例子是从日常生活中选取的。但是用日常生活中时间的常用单位来衡量它，这个单位却非常小。如果我们不是把纽约

图 33　爱因斯坦教授从来不这样做，但他做的
事情比这要复杂得多

市的两个事件当作例子，而是把在宇宙中发生的事件当作例子，就能有处在同一数量级的坐标了。

比基尼岛

太平洋西部的一个岛屿，曾经历了美国多次核试验。文中这一次核爆炸是美国在"二战"后第一次公开的核试验。

例如，第一个事件是在1946年7月1日上午9点整发生的，当时在**比基尼岛**上有一颗原子弹。第二个事件是在同一天的上午9点10分发生的，有一块陨石砸到了火星的表面。这样的话，这两个事件在时间上相距值为540,000,000,000光英尺，在空间上相距650,000,000,000英尺，它们的大小就差不多是相似的了。

因此，我们可以算出这两个事件的四维距离为：

$$\sqrt{(65 \times 10^{10})^2 - (54 \times 10^{10})^2}\ 英尺=$$

$$36英尺 \times 10^{10}英尺 （10.9728米 \times 106米）$$

这个结果与纯粹空间距离和纯粹时间间隔都相差很大。

你可能会认为这种几何学表述似乎不太合理。为什么就不能将表示时间的坐标和其他三个坐标一视同仁呢？

别忘了，所有被人主观描述的物理世界的数学系统都应该和实际情况相符；如果空间和时间在结合成四维时空时，各自的表现的确有区别，那么四维几何学的定律自然要如实反映它们在其中发挥的作用。

并且还有一个简单的办法，它可以使爱因斯坦时空几何公式同数学课本中十分经典的欧几里得几何公式一样美好。

这个方法是德国数学家**闵可夫斯基**提出的，方法就是将第四个坐标视作纯虚数。如果你还能想起第二章的内容就知道，一个普通的数字和 $\sqrt{-1}$ 相乘，得到的数字就是一个虚数。我们还提到过，用虚数可以很方便地解决几何问题。根据闵可夫斯基

赫尔曼·闵可夫斯基
（1864 ~ 1909）

德国数学家，曾是爱因斯坦的老师，他为广义相对论提供了框架。他的主要研究领域是数论、代数和数学物理。

的方法，时间这第四个坐标先要用空间单位表示，然后还要乘以 $\sqrt{-1}$ 。这样的话，之前例子中的四个坐标就是：

第一坐标是3200英尺，第二坐标是400英尺，第三坐标是936英尺，第四坐标是 $8 \times 10^{11}i$ 光英尺。

有了这种方法，我们就可以说四维距离是四个坐标距离的平方之和，然后再开平方得到的结果，因为虚数的平方一定是一个负数。

在数学上，用闵可夫斯基规定的坐标进行勾股定理运算的表达式和用爱因斯坦那个看起来不太合理的表达式实际上是等价的。

有一个这样的故事：

故事的主人公是一位患有关节炎的老人，他向自己的一个身体健康的朋友咨询，如何才能不得这种疾病。

那个朋友回答他："我这辈子，每天早上都要洗一个冷水澡。"

"哦？"老人回答道，"那你却患上了冷水澡依赖症啦。"

如果你不太喜欢第一个好像患上了关节炎的勾股定理，那你不妨改用虚数时间坐标的冷水浴依赖症。

因为时空世界里的第四个坐标为虚数，必然就会有两种四维距离在物理上存在差异。

前文提到的那个纽约市的例子中，两个事件之间的空间距离小于时间间隔（使用相同单位），勾股定理中根号内的是负数，因此我们所得到的四维距离是一个虚数；在后面这个例子里，时间间隔小于空间距离，这样，经过开平方运算，得到的是个正数，也就意味着，两个事件之间的四维距离是确实存在的。

　　既然我们把空间距离当成实数，而把时间间隔当成虚数，我们不妨认为：实四维距离和普通的空间距离之间有着密切的关系；而虚四维距离和时间间隔是相互接近的关系。用闵可夫斯基的术语描述就是，前一种四维距离称为空距，后一种称为时距。

　　在下一章里，我们将看到空距可以变成正常的空间距离，时距也可以变成正常的时间间隔。然而，空间距离是实数，时间间隔是虚数，这个情况在进行时空互变时是一个不能跨越的障碍，所以我们可以理解为什么一把尺子不能变成一只表，一只表也不能变成一把尺子。

时空的相对性

CHAPTER 5

1

时空互换

　　我们还知道时空等效的观点，所以如果互换"地点"和"时间"这两个词，就有了另外一个结论：一个观察者认为发生在相同时间和不同地点的两个事件，如果让另一个处于不同运动状态的观察者观察，就会认为这两个事件发生的时间是不同的。

　　把这个观点套在餐车的例子上，我们就能说，那位侍者坚信坐在餐车两端的乘客刚好同时抽烟，而站在地面望向火车内部的道岔工却坚持认为，两人点烟明明是一先一后的顺序。

>>> 旋转时空坐标系

当我们在四维世界中用数学的方法把时间和空间联系起来的时候，这两者之间的差别并没有完全被消除，但其实我们可以发现这两个概念是类似的。而在爱因斯坦之前，那时候的物理学并没有研究到这一点。

现在我们知道，每两个事件之间在空间上的距离和时间上的间隔其实都可以被当作一种投影，这种投影是这两个时间之间的基本四维距离投射在空间轴和时间轴上的。所以说，如果我们把四维坐标系进行旋转，就能让一部分距离转变成时间，或者让一部分时间转变为距离。可是旋转四维时空坐标系的含义又是什么呢？

我们先来观察一下图34a，在这张图中有两个坐标系，都是由两个空间坐标组成的。

假设有两个点之间的距离为L，把L投影在坐标轴上，沿第一根轴的方向观察这两个点，它们之间的距离为a，沿第二根轴的方向观察这两个点，它们之间的距离为b。

然后，旋转坐标系，如图34b，这两个点的位置没有变，在新的坐标系中的投影和刚才的投影就完全不一样了，变成了a′和b′。但是勾股定理告诉我们，两个投影的平方和的平方根是

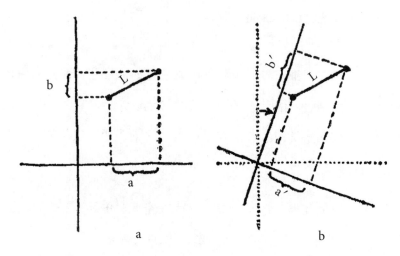

图 34　空间坐标系

不会发生改变的，因为这个结果表示的两点间的距离是真实的，真实距离自然不会因为旋转了坐标系而发生改变。也就是说：

$$\sqrt{(a^2+b^2)} = \sqrt{(a'^2+b'^2)} = L$$

所以尽管坐标的数值是处于变化之中的，它们的大小和坐标系有关，然而它们的平方相加后再开平方的结果与坐标系的选择无关。

那么接下来，我们假设有一个坐标系，它的横轴是距离轴，纵轴是时间轴。这种情形下，这两个固定点代表的是两个事件，它们投影在轴上的距离分别为空间距离和时间间隔。

如果把上一章第三节讲到的例子拿到这里来，那么这两个事件就分别是抢劫银行的案子和飞机撞击帝国大厦的案子，我们将它们在坐标轴上画出来，如图35a，它和图34a很像，不同的是，图34a的两根轴是空间距离轴。

那么，如何才能把坐标轴旋转一下呢？答案将会非常出乎意料，甚至令你感到诧异：如果你想让时空坐标系旋转一个角度，那就坐上汽车吧！

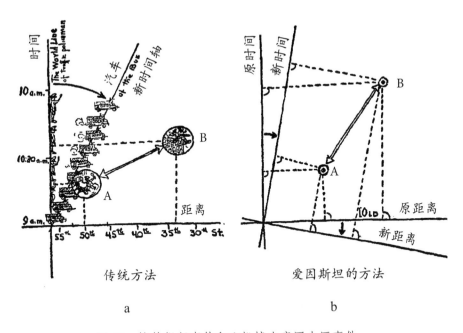

传统方法　　　　　　　　爱因斯坦的方法

a　　　　　　　　　　b

图 35　抢劫银行事件和飞机撞击帝国大厦事件

在时空坐标系中的示意图

　　假定在9月28日那个慌乱的早晨，我们在第五大道坐上了一辆汽车。假设我们是否能看到这两个事件只是由距离决定的，那么就事论事，我们最关心银行抢劫案发生的地点和飞机失事的地点到汽车的距离是多少。

　　如图35a所示，图中有汽车对应的时空线和两个事件。你能够很轻松地从图中看到，你坐在汽车上观察得到的距离与从别的地方（比如街口警察所站的位置）观察到的距离是不一样的。

　　因为汽车的行驶方向一直是沿着马路前进的，汽车从一个路口穿过的时间为3分钟（纽约的道路很拥挤），所以以汽车为出发点看这两个事件，它们的空间距离就缩短了。

　　实际上，汽车在上午9点21分从第五十二大街穿过时距离被抢劫的银行有两个路口这么远；在上午9点36分飞机撞上大楼时，汽车正在经过第四十七街口，距大楼则有14个路口。

　　所以说在汽车上测量距离时，我们得到的结果是：这两个案子发生的地点相距14-2=12个路口，而不是以城市建筑为出发点，那样计算的结果是50-34＝16个路口。

　　再看一下图35a，我们还能发现，从汽车上测量到的距离不能像静止时一样用纵轴（警察的时空线）计算，而应该把汽车的时空线的斜线当作基准来测量。这样一来，这根斜线就可以被看作新时间轴。

　　将刚才我们琐碎的描述整理一下就是：

　　　　在一个处于运动状态的物体上观察正在发生的事件，
时空图上的时间轴会发生一个角度的偏转（偏转的大小由
物体运动的速度决定），而空间轴则不发生改变。

　　从经典物理学和所谓"常识"的观点出发审视它，这种描述
是没有什么问题的。但事实上，这却和四维时空世界的新观念有
了直接的矛盾。既然将时间当作第四个独立的坐标，那么无论你
在哪里，比如汽车上、公交车上抑或是人行道上，时间轴都应该
永远垂直于三个空间轴!

　　这样不可调和的矛盾让我们只能在这两种观念中二选一。
要么保留旧的那个时空概念，不再对统一的时空几何学有什么念
想；要么打破常识，承认空间轴和时间轴是一起进行旋转的，这
样才能让二者永远互相垂直（图35b）。

　　但是旋转空间轴会带来很多改变：当你站在运动的物体上，
对两个事件进行观察，记录下时间间隔，这个间隔和你站在地面
上观察所得到的时间间隔是不同的。

这就和物理上的旋转时间轴的意义一样：

　　在不同运动状态的物体上观测两个事件的空间距离，结果是不一样的（这也就是刚才提到的例子中的12个路口和16个路口的区别）。

　　因此，如果根据市政大楼的钟计算，银行抢劫案和飞机失事案之间的时间间隔是15分钟，那在汽车上的乘客用他的手表看到的就是不同结果——倒不是因为手表的机械装置有问题才让它变得走时不准，而是因为以不同速度运动的物体本来就会花费不同的时间：时间流逝变慢了，用来记录时间的机械装置也会跟着变慢。不过在像汽车这种速度很慢的情况中，时间变慢的速度非常微小，人们几乎无法察觉。（本章后面的部分还要详细讨论这一现象。）

　　我们再设想一种情景：

　　一个人在一列行驶中的火车餐车上吃饭，餐车上的侍者觉得他喝开胃酒和吃甜

> **在火车餐车上吃饭的问题**
>
> 　　西方人在吃饭之前，会先喝一些开胃酒刺激一下食欲，并在用餐结束前吃一点儿甜点。这里的意思是说，这个人在这顿饭从开始到结束都是在火车的同一个位置上。

点的位置是没有变化的，都在第三张桌子靠窗的位置。但是此时有两个道岔工站在地面上，他们会望向火车内部，于是有一个道岔工看到他喝开胃酒，另一个道岔工看到他在吃甜点。吃甜点和喝开胃酒这两件事发生的地点相隔好几英里。

结论是这样的，一个观察者认为发生在相同地点和不同时间的两个事件，如果让另一个处在不同运动状态的观察者观察，就会认为这两个事件发生的地点是不同的。

>>> 时空等效的观点

我们还知道时空等效的观点，所以如果互换"地点"和"时间"这两个词，就有了另外一个结论：

一个观察者认为发生在相同时间和不同地点的两个事件，如果让另一个处于不同运动状态的观察者观察，就会认为这两个事件发生的时间是不同的。

把这个观点套在餐车的例子上，我们就能说，那位侍者坚信坐在餐车两端的乘客刚好同时抽烟，而站在地面望向火车内部的道岔工却坚持认为，两人点烟明明是一先一后的顺序。

所以说，一个观察者认为同时发生的事件，在另一个观察者看来，则可以认为它们是相隔一段时间才发生的。我们必须相信这样的结论，因为它是这样推导而来的：分别把时间和空间看作永恒不变的四维距离在相应的轴上投影的四维几何学。

以太风与天狼星的旅程 2

经典物理学这座华丽的、似乎永远牢不可破的城堡所受到的第一次动摇它根基的冲击来临了——它松动了这栋精妙建筑的每一块砖石，撼倒了它的每一堵墙。它是在 1887 年，美国物理学家迈克尔孙的实验中出现的。虽然这个实验乍一看没有什么特别之处，但它所起的作用却不亚于约书亚的号角之于耶利哥的城墙。

>>> 光媒质以太

我们现在需要问一问自己：这里想要使用四维几何学的语言是否是正确的？它是否真的可以在经典的、符合直觉的时空观念中引入革命性变化?

如果回答是肯定的,那我们就是在挑战整个经典物理学体系。牛顿在200多年前给空间和时间下了定义,构成了经典物理学的基础。

他认为:"绝对的空间的本质是和任何外界的事物没有关系的,它永远都不会运动也不会改变;绝对的、真实的数学时间的本质是自动地进行流逝的,和其他所有的外界事物没有关系。"

显然,当牛顿在写这几句话时,并没有想阐述什么新的观点,更没想到它会在将来引起争论。他做的不过是把正常人认为的显而易见的时空概念又精准地描述了一遍。

实际上,人们坚信经典的时空概念是正确的,以至于哲学家们都经常把它作为一种先验的概念。没有一个科学家(普通人更不用说了)想过它有可能是错误的,需要重新审视,重新阐述。既然如此,为什么现在又会有这样的问题被提出来呢?

答案其实也很明显:

人们之所以不再使用经典的时空概念,并且把时间和空间结合在一起,组成一个统一的四维体系,并非是从自身对审美的需要出发，也不是某位数学家执念的结果，而是因为科学实验在不断发现更多的事实，这些事实已经不能通过时空独立这样经典的概念来解释了。

所以，经典物理学这座华丽的、似乎永远牢不可破的城堡所受到的第一次动摇它根基的冲击就来临了——它松动了这栋精妙建筑的每一块砖石，撼倒了它的每一堵墙。

它是在1887年，美国物理学家**迈克尔孙**的实验中出现的。虽然这个实验乍一看没有什么特别之处，但它所起的作用却不亚于约书亚的号角之于**耶利哥的城墙**。迈克尔孙设计的实验很简单：

阿尔伯特·亚伯拉罕·迈克尔孙（1852～1931）

波兰裔美籍物理学家。他主要从事光学和光谱学方面的研究，以毕生精力从事光速的精密测量，发明了一种干涉仪，被称为迈克尔孙干涉仪，在研究光谱线方面起到了重要作用。

耶利哥的城墙

引用自《圣经》故事，传说死海北面的耶利哥城墙牢不可摧，古希伯来人在大规模移居时受到这面墙阻碍。古希伯来人的先知约书亚让所有祭司一边抬着神龛，一边吹着号角，围绕城墙行走，上帝以神迹震毁城墙。

光媒质以太

一种假想的物质概念，它是一种在原子间的均匀物质，充满了宇宙的各个角落并且组成一切物质。

当光通过所谓的"光媒质以太"时，会有一定的波动性表现出来。

如果你向池塘里扔一块石头，就会看到水波向四面八方传播；振动的音叉发出的声音也以波的形式向各个方向传送；任何从发光物体中射出的光线也是如此。水面上的波纹非常明确地告诉我们分子在运动。声波则是空气或其他声音穿过的物质在振动时才有的。

可是我们并没有找到用来传递光波的物质媒介。而光在空间中的传播看起来简直毫不费力（与声音相比），以至于人们觉得空间是完全真空的。

不过，如果空间里真的什么都没有的话，一定要说本来没有介质可振动的地方又有了什么东西在振动，简直是没有道理！没办法，物理学家只好用一个新的概念解释光的传播，叫作"光媒质以太"，那么总算是有一个实体主语可以加在"振动"这个动词前面了。单纯从语法角度来说，任何动词前面都应该有一个主语。但是，语法规则的确不能让我们知道，这个被用来让句子变得正确的主语到底有什么物理性质！

如果我们认为"光以太"是一种传播光波的物质，那么，我们再反着说光波是在光以太中传播的，这句话倒是正确得不得了，因为这只是没有意义的重复而已。光以太到底是什么，以及它的物理性质是什么样的？这才是有意义的问题。在这方面，没有语法能帮我们，我们只能在物理学中寻找答案。

在后续的讨论中你将发现，人们假设存在光以太，并具有与你熟知的一般物体的类似性质，正是19世纪的物理学存在的最大的错误。

人们总是讨论光以太的刚性、流动性及其他的弹性性质，甚至连内摩擦都考虑到了。这就造成了光以太具备的神奇特质：一方面，当它在进行光波的传递时，是以一种固体的方式在振动；另一方面，它对天体的运动毫无阻碍，表现出的流动性非常完美。

于是，人们就把光以太比作**火漆**这样的物质。正常情况下火漆是坚硬的，受到机械力的快速冲击时容易破碎；但如果静置的时间足够长，由于自身重力，它会变得像蜂蜜那样可以流动。

火漆

一种胶合剂，由焦油、松脂和石蜡等混合而成。加热融化，可自行冷凝。古时欧洲常用它为信函封口。

那时的物理学假设光以太和火漆是类似的，并且光以太把整个星际都填满了。当光的传播对它产生高速的扰动时，它体现出像坚硬的固体那般的性质；而当速度大概为光速的几千分之一的恒星和行星靠近它时，它又像液体一样被轻易地推开。

人们只用了一种比拟说法，解释一种除了知道名称，不知道其他特性的物质，由此试图判断它所具有的性质有哪些是我们所熟悉的，这其实从一开始就注定是个巨大的失败。尽管人们尝试了种种办法，仍然给不出有关这种神秘传播介质恰当的力学解释。

用我们现在掌握的知识，其实不难看出所有这些尝试为什么是错的。现在我们知道，普通物质所具有的机械性质是由构成这种物质的粒子之间的作用力形成的。

比如说水的流动性非常好，这是由于水分子之间是可以滑动的，这种滑动几乎没有摩擦力；橡胶具有弹性，是因为它的分子容易发生形变；金刚石坚硬无比，是因为金刚石是由碳原子构成的，而这种碳原子紧紧地贴在了刚性结构上。

总结起来就是，所有物质共同具有的那些机械性质都来自它们的原子结构，但如果把这个结论用在绝对的连续的物质——光以太上，其实是很没道理的。

光以太这种物质很特殊，它的结构与我们熟知的称为实物中的原子的结构完全不一样。我们既可以叫光以太为"物质"（仅仅因为它是动词"振动"的配套主语），又可以叫它为"空间"。

不过值得注意的是，我们之前已经看到并且后面还会看到，空间具有某种内容，这种内容是在形态或是结构中表现出来的，所以相较于欧几里得几何学中空间的概念，它要复杂得多。回到现代物理学中，"以太"这个名词（且不论所谓的力学性质）和"物理空间"实际上具有相同的意义。

>>> 迈克尔孙的实验

我们刚刚说得有点儿远了，还是不要讲太多关于"以太"这个词的哲学分析，现在我们再回到迈克尔孙的实验。前面已经提到，这个实验的原理并不复杂：

如果光是以以太为介质传播的波，那么仪器在地面上测量到的光速将会被地球在宇宙中的运动所影响。

你在地球上所占的位置正好与地球公转轨道方向平行时，你就会处于"以太风"之中，这种感觉和你站在一艘快速行驶的船的甲板上一样，哪怕此时空气相对海面是静止的，也可以感觉有扑面的海风吹来。

当然你肯定不能感觉到的是"以太风"在吹过你，因为我们已经假设，它可以没有任何阻碍地穿过我们身体中的各个原子。

不过，通过测量和地球转动方向有不同夹角的光的速度，我们就能感觉到它的存在。我们知道，顺风前进的声音速度大于逆风前进的声音速度。所以说光传播时顺着以太风的方向前进的速度和逆着以太风前进的速度是不一样的。

迈克尔孙也想到了这个问题，于是他设计出一套仪器，它可以测量沿各个不同方向传播的光的速度。当然，使用我们之前提过的斐索实验的仪器是最简便的方法（图31c），只需要在它转向不同方向时进行测量就可以了。

但这样做并不能得到理想的实际效果，因为这种方法需要在每次测量高度精确才行。我们估计的速度差是光速的万分之一左右（等于地球表面的运动速度），因此每次测量的精确度必须非常高。

如果你有两根长棍，它们差不多长，但如果你想知道它们相差长度的精确数值时，你只要对齐这两根长棍的一端，测量另一端相差的长度就可以了。这就是"零点法"。

图36展示的就是迈克尔孙的原理，它也是使用零点法，对光在互相垂直的两个方向上的速度差进行测量的。

玻璃片B是这套仪器的核心零件，在零件上面有一层非常薄的银，所以它是半透明的，只有一半入射光线能通过它，另一半会被反射回来。因此有一束光从A射来，它在B处被分成相互垂直的两束光，它们分别被平面镜C和D反射（平面镜C和平面镜D到中心零件的距离是相同的）。一部分从D折射回来的光线从银镀膜穿过，一部分从C折回的光线也被银镀膜反射，它们在进入观察者的眼睛时又搅在了一起。

根据光的传播原理，这两束光会互相干涉，形成明暗间隔的条纹，可以被肉眼看见。如果BC等于BD，两束光会同时回到部件的中心部分，正中间就呈现出明亮的形态；如果距离是不相同的，就会有一束光到得晚一点儿，于是，明亮部分就会向偏左或偏右的方向移动。

迈克尔孙的仪器是在地球表面安装的，也就会随着地球在空间中迅速移动，因此如果有以太风的话，那就会以与地球运动大小相同的速度吹过。比如，我们假定这股风由C向B吹过去（图36），再来观察这两束最终到达相同位置的光线的速度有什么差别。

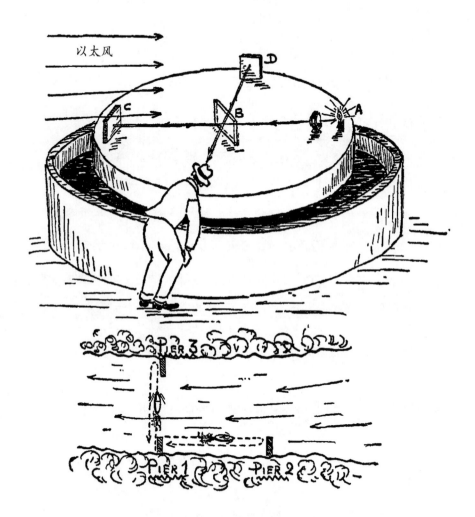

图 36 迈克尔孙实验原理

我们可以注意到，有一束光线的传播是先"逆风"后"顺风"，而另一束光线则是在"风"中往返穿过。那么哪一束会先到呢？

我们假设有一艘汽船在一条河中行驶，它的行驶路线是从1号码头逆流到2号码头，然后再顺流而下回到1号码头。流水在前半程中阻碍了船的运动，而在后半程中则推动着船。你大概会认为阻挡作用和推动作用可以抵消，但实际情况并非如此。

我们举一个极端的例子就能说明：如果船的行驶速度与河水流速相同，那么它永远无法到达2号码头。通过计算不难得到，水的流速使得整个航程所需的时间扩大到了一个因数的倍数：

$$\cfrac{1}{1-\left(\cfrac{v}{V}\right)^2}$$

在这里，l是两个码头之间的距离，逆流时船的相对地面速度为（V−v），顺流时的速度为（V+v），一共需要用的航行时间是：

$$t=\frac{l}{V-v}+\frac{l}{V+v}=\frac{2Vl}{(V-v)(V-v)}=\frac{2Vl}{V^2-v^2}=\frac{2l}{V}\cdot\frac{V^2}{V^2-v^2}=\frac{2l}{V}\cdot\frac{1}{1-\frac{v^2}{V^2}}$$

这里用V表示船速，用v表示水流速度。如果船速是水流速度的10倍，那么往返全程需要的时间为：

$$\frac{1}{1-\left(\frac{1}{10}\right)^2} = \frac{1}{1-0.01}$$

$$= \frac{1}{0.99} = 1.01 \text{（倍）}$$

也就是比在水中所用的时间多了1%。

同理，我们也能算出来在往返的行程中耽误的时间。这一段时间稍长是因为从1号码头驶到2号码头时，船为了补偿水流所造成的漂移，必须稍稍倾斜一些角度行驶。这一回耽误的时间较上一回有所减少，减少的倍数是

$$\sqrt{\frac{1}{1-\left(\frac{v}{V}\right)^2}}$$

在上面的例子里，时间增加的数值是原来的5‰。想要推导这个公式非常简单，感兴趣的读者可以尝试一下。

现在，如果用流动的以太代替河水，用行进的光波代替船，就是迈克尔孙的实验。光束从B出发到C，然后再从C返回B，时间延长了

$$\frac{1}{1-\left(\frac{V}{c}\right)^2} \text{（倍）}$$

c表示在以太中光的传播速度。光束从B发射到D再返回来，时间增加了

$$\sqrt{\frac{1}{1-\left(\dfrac{V}{c}\right)^2}}\ \text{（倍）}$$

以太风的速度和地球运动的速度相等，为30千米/秒，光的速度是300,000千米/秒，因此，两束光延长的时间分别是原来的万分之一和十万分之五。用迈克尔孙的装置观察这个级别的差异还不是很难。

可是在迈克尔孙做这个实验的过程中，竟然发现干涉条纹一点都没有移动，你可以想象一下，当他知道这个实验结果时是有多么诧异！

显然，不管光在以太风中的传播方式是什么样的，"以太风"都不能影响到光速。

这个事实让人感觉到非常诧异，甚至连迈克尔孙在最初的时候都觉得自己得到的结果是有问题的。但是，一次又一次的实验结果都有力地证明，这个结论虽然在意料之外，毫无疑问却是正确的。

菲茨杰拉德（1851～1901）

爱尔兰物理学家。他是第一个引进这种概念的人，因此就用他的名字命名这种收缩效应。当时他把这种收缩效应当成是单纯的运动机械效应。

>>> 空间收缩效应

面对这个和预期完全不同的结果，只好引入一些大胆的假设，迈克尔孙的那个用来防止镜子沿着地球在宇宙中运动的方向上有非常小的收缩（**菲茨杰拉德收缩**），实际上，如果BC收缩一个因子

$$\sqrt{1-\frac{V^2}{c^2}}\ \text{（倍）}$$

而BD不变，那么，这两束光传播延迟的时间就是一样的，因而就不会有干涉条纹移动的现象产生了。

不过讲出"迈克尔孙的试验台会收缩"这句话是很容易，想要理解可就难了。我们肯定见过一个物体在阻力的介质中运动会有收缩效应产生的实例。

轮船在水中航行时，由于受到尾部螺旋桨的驱动力和来自船头的水的阻力，船体会发生轻微的压缩。这种由于机械力造成的压缩的程度和船壳使用的材料是相关的，一个由钢制成的船体比由木头制成的船体压缩的程度会小一点儿。

　　但在迈克尔孙做的实验中，这种引人怀疑的结果的收缩大小只与运动速度有关，而与材料本身的强度毫无关系。比如安装镜子的那张台子的材料不是大理石，而是不锈钢、木头或者其他的东西，收缩程度都不会改变。

　　所以非常明了的是，我们遇到的是普适性效应，这种效应能够让所有物体的收缩程度完全相同。根据爱因斯坦在1905年提出的对这种现象的看法，这里其实是空间本身的收缩。一切物体在进行相同速度的运动时都会发生相同的程度收缩，原因在于它们都处在同一个收缩的空间内。

　　我们在前面已经讨论了许多空间的性质，因此现在有这种说法是可以理解的。为了更加详尽地解释它，我们可以想象空间的性质有点儿像某种弹性胶体（其中有很多痕迹是来自各种物体的边界）；当空间因为被挤压、拉伸、扭动而发生形状的改变时，所有在这个空间里包含的物体的形状也会自发地以相同方式改变。

　　这种形变产生的根本原因是空间的形变。这里一定要区别开它与物体因为外力的影响在内部产生应力并改变了外部形状的情况。图37中所示二维空间的情形也许可以帮助你理解、区分这两种不同的形变。

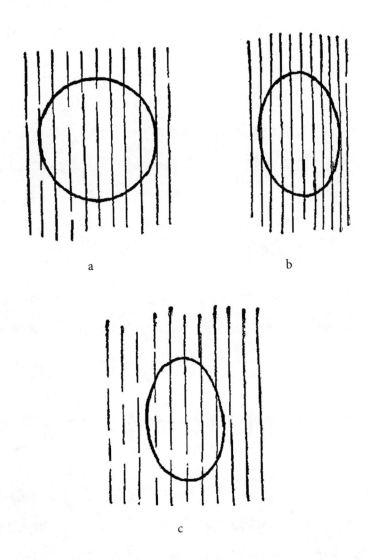

a

b

c

图 37　二维空间中的情形

虽然空间收缩效应有助于我们更好地理解物理学的基本原理，但很少有人在生活中注意它。

这是因为我们日常生活中所能接触到的最高速度和光速相比是非常非常微小的。例如，一辆汽车的速度是50英里/小时（约80千米/小时），那么它的长度是原来的

$$\sqrt{1-\left(10^{-7}\right)^2} = 0.99,999,999,999,999（倍）$$

相当于汽车的长度只减少了一个原子核直径的长度；如果一架喷气式飞机的速度是600英里/小时（约966千米/小时），那么这架喷气式飞机只不过减少了一个原子直径的长度；哪怕是时速为25000英里（约40234千米/小时）的火箭，也只不过是在原来100米长度的基础上减少了1%毫米。

不过，如果物体的运动速度是光速的50%、90%和99%，它们缩短后的长度就是静止时的86%、45%和14%了。

有一位不知名的作家写了一首打油诗，体现了这种做快速运动的物体的相对论性收缩效应：

有位小伙叫斐克，

剑术精湛似流星。

空间收缩力度强，

长剑缩成小铁钉。

当然，这位斐克先生出剑的速度一定要像闪电那么快才行。

从四维几何学的角度出发，其实很容易解释任何物体运动时都具有普遍收缩性：这是因为旋转时空坐标系会改变物体在四维空间中的长度在空间坐标上的投影。

没错，这正是上一节讨论过的有关内容。以运动着的系统为参考系观察事件时，一定要用旋转了一定角度的空间和时间轴的坐标系进行描述，角度的大小由运动速度决定。因此，如果系统是静止的，四维距离会完全在空间轴上形成投影（图38a），那么，在新坐标轴上，空间投影总会变得比原来短一点（图38b）。

还有一个关键的地方：长度的缩短只是受两个系统的相对运动的影响。如果一个物体在另一个系统看来是静止的，那么，可以用长度不变的平行线表示这个物体在新的空间轴上的投影，那么它之前的空间轴上的投影长度也需要缩短相同的倍数。

因此，如果想要判定两个坐标系中哪一个坐标系是"真正"运动的，不仅没有必要，在物理学上也没有意义。仅仅是它们在进行相对运动这件事是有作用的。

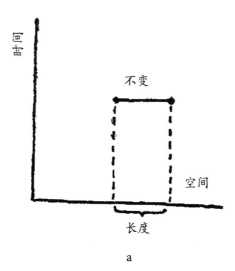

a

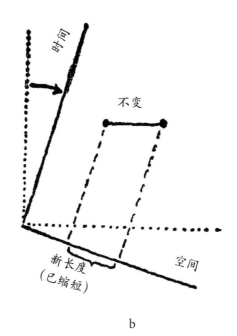

b

图 38　如果系统是静止的，四维距离在空间轴上的投影

　　所以，如果某个"星际交通公司"有两艘载人飞船，在地球和土星间的航道上以很快的速度相遇，每一艘飞船上的乘客从舷窗向外看另一艘飞船，都会觉得另一艘飞船的长度明显缩短；但觉得他们自己乘坐的这一艘并没有什么尺寸变化。所以争辩哪一艘船"真正"缩短是完全没有意义的。

　　因为任何一艘飞船在另一艘飞船的乘客看来，它的长度都是缩短的，而在这艘飞船上的乘客却觉得自己所在的飞船的长度是没有改变的。这个场景只能在理论上出现。如果真的有两艘高速运动的飞船相遇，任何一艘飞船上的乘客都不能看到另一艘飞船——如果有子弹从枪膛里射出来，你能看清楚吗？飞船的速度可是比子弹的速度还要快。

　　四维时空的理论同时也能解释，运动物体的长度在其速度和光速接近时才会发生明显的变化。

　　这是因为运动系统中通过的距离和对应的时间之比能够决定时空坐标旋转多少角度。如果距离的单位是米，时间的单位是秒，距离和时间的比值刚好就是通常会用到的速度，单位为米/秒。

　　四维系统中，时间等于常见的时间单位和光速的积，而运动速度（米/秒）和光速（米/秒）的商可以决定旋转角度的大小。所以说，只有当两个系统在做相对运动的速度和光速接近时，

改变旋转角度以及这种改变是如何影响测量结果的现象才会变得
明显。

时空坐标系在旋转时不仅使长度发生了改变，也让时间间隔发生了改变。我们知道因为**第四个坐标具有虚数特性**，所以时间间隔会随着空间距离的缩短而增大。

> **第四个坐标具有虚数特性**
>
> 换句话说是由于四维空间中勾股定理公式向时间轴发生了扭曲。

如果把一个时钟放在一辆高速行驶的汽车里，相比在地面上的时钟，它会走得比较慢，嘀嗒声的间隔也会拉长。时钟变慢和长度变短都是被运动速度影响的，是一种普遍效应。

因此，不论是最新款的手表，你祖父的怀表，还是沙漏，只要具有相同的运动速度，它们都会相同程度地慢下来。这种效应当然不是只在"钟""表"等这类物体上发生，事实上，所有物理上的、化学上的以及生理上的过程都会变慢，而且程度相同。

因此，如果你在飞行速度很快的宇宙飞船中吃早餐，你完全可以放心你的鸡蛋并不会因为手腕上的手表走得太慢而煮老，因为在鸡蛋内部的变化过程也相应地放缓了速度。所以，如果你日常的早餐都是"煮5分钟的鸡蛋"，那么现在你照常看着表把它煮上5分钟也没问题。

这里我们选择了火箭为例子，而不是用餐车当例子，是因为时间的伸长和空间的收缩是相同的，在运动的速度和光速差不多的时候才比较显著。

时间延长的倍数和空间收缩时的情况相同，也为 $\sqrt{1-\dfrac{v^2}{c^2}}$，不过不一样的地方在于，在时间延长时这个倍数是除数，空间收缩时这个倍数是乘数。如果一个物体以很快的速度运动，以至长度缩短为原来的一半，那么时间流逝会放慢一倍。

>>> 飞往天狼星

时间在运动系统中会变慢的情况给星际旅行增加了一个有趣的现象。如果你想到天狼星上去，这个行星距离我们有9光年，于是你乘坐了一艘速度接近于光速的飞船。你可能会猜想，从地球到天狼星，再从天狼星回来所需要的时间至少也要18年，于是，你为此带了大量的食物。

然而如果你乘坐的飞船的速度确实和光速接近，那么你完全不用担心这方面的事情。其实，假如飞船的速度等于光速的99.99999999%，你的手表、心脏、呼吸、消化和思维都将变慢为

原来的 $\dfrac{1}{70000}$，因此往返地球与天狼星之间一次，需要花费的时间为18年（在地球上的人看来），而在你看来其实只有几个小时。

如果你早上吃完饭出发，那么当你在天狼星的某一行星表面降落时，正好可以吃中午饭。如果时间非常紧张，你需要在午饭后马上出发再回到地球，那么当你到达地球的时候刚好可以吃晚饭。

不过，如果你没有考虑相对论的原理，当你回到家时肯定会非常惊讶，因为你的亲人和朋友可能还以为你在宇宙中某个不知名的地方，并且已经吃了6570顿晚饭。地球上熙熙攘攘的18年，对你这个速度和光速差不多的旅客来说，仅仅是一天。

那么，如果运动的速度大于光速呢？这里还有一首打油诗是和相对论有关的：

有位女郎叫伯蕾，

速度很快光难追；

爱因斯坦指导她，

当日出发前夜回。

要是果真如此，速度的大小和光速差不多的话，就可以让时间变慢，那么速度比光速还大的话就可以倒转时间了！而且，由于时空坐标方程的根式中代数符号会发生变化，时间坐标就成了实数，变为空间距离；同时，在超光速这个体系中，所有长度都从零穿过而变成了虚数，那么它就变为时间间隔。

如果这些是真实可行的，那么图33中，爱因斯坦把尺变成钟的魔术就真的会发生，他只要能想办法超过光速，这种魔术也就不是问题了。

不过在我们的物理世界中，这种像魔术一样的转变一般是不可能有的。用一句话进行简单的概括就是：

没有任何物体的运动速度会接近光速或者超过光速。

这一基本自然规律有一个很坚实的物理基础：通过大量的直接实验，可以证明运动物体具有抵抗自身进一步加速的惯性质量，而惯性质量在运动速度接近光速时会无限增加。

如果从一把左轮手枪中发射出子弹，这个子弹的速度接近于光速的99.999,999,99%，进一步加速它时，它所受的阻力（也就是惯性质量）就差不多是一枚12英寸（约30.5厘米）的炮弹；如果达到光速的99.999,999,999,999,99%，这颗小子弹的惯性质量就和一辆装满货物的卡车一样大。无论施加多大的力在这颗子弹上，也不能突破最后的那一位小数，让它的速度和光速相等。光速是宇宙中所有运动物体速度的上限！

3

弯曲的空间与重力之谜

如果将上述观察结论应用在高一维的空间中，我们就可以知道：在三维空间中生活的人们，只要对空间中的三条线相交形成的三角形的角进行测量，就可以知道空间的曲率，不用到四维空间中去。如果三个角相加等于 180°，就可以说这个空间是平坦的，否则就是弯曲的。

>>> 寻找弯曲空间

经过对四维坐标系方面的问题的讨论，读者们大概会觉得非常迷糊，对此我感到十分抱歉。所以现在，我邀请大家一起到弯曲空间里去逛一逛。

大家都了解什么是曲线，什么是曲面，"弯曲空间"到底是什么东西呢？我们之所以很难想象出这种现象，主要问题并不在于这个概念有多奇怪，而是在于我们从外部观察三维空间时，不能用观察曲线和曲面的方法。我们本来就在三维空间中生活，因此只能从它的内部观察它的弯曲。

为了能够以一个生活在三维空间里的人的视角体会这个空间的曲率，我们还是设想一下，一个二维空间的纸片人是如何在平面和曲面上生活的。

如图39a和图39b，纸片科学家正在"平面世界"和"曲面世界"上研究自己所在的二维空间。这三条直线连接三个点构成的图形，自然是可供他们研究的最简单的图形了。大家在学校的数学课程中都学过，不管是什么样子的三角形，其内角和都是180°。但是，如果把这个定理放在球面上，就很容易看出它是不能成立的。

例如，有一个三角形是由两条经线和一条纬线（地理学的概念用到了这里）组成的，那么它的两个底角都是直角，同时还有一个顶角的角度在0°到360°。以图39b为例，那两个纸片科学家正在测量的三角形的三个角之和为210°。所以可以得出结论，纸片科学家们在测量完二维空间中的几何图形后，能够得到他们所在的空间的曲率，就不用在外部进行观测了。

174

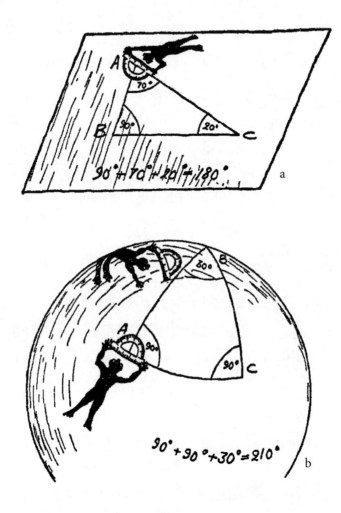

图 39　生活在"平面世界"和"曲面世界"中的
纸片科学家在测量三角形的三个角，并验证这三
个角之和是否为 180°

　　如果将上述观察结论应用在高一维的空间中，我们就可以知道：在三维空间中生活的人们，只要对空间中的三条线相交形成的三角形的角进行测量，就可以知道空间的曲率，不用到四维空间中去。

　　如果三个角相加等于180°，就可以说这个空间是平坦的，否则就是弯曲的。

　　但是在深入探讨之前，我们得先要搞清楚直线这个词的含义。你们刚才已经看到了图39a和图39b中的三角形，大概会觉得图39a中的平面三角形的三条边是直线，而图39b中的三角形的三条边是**球面上的大圆**的弧线，因而是弯曲的，不是直的。

> **球面上的大圆**
>
> 　　通过球心的平面切割球面而得到的大圆。子午圈和赤道都是这种圆。

　　这种源于几何学的看法，会使二维空间的纸片科学家们寸步难行，无法让几何学发展下去。所以我们需要给直线下一个更具有普适性的数学定义，使它不仅能适用于欧几里得几何学，还能有效地用于曲面以及更加复杂的空间。

　　我们可以这样给出这个定义：

在一个给定的曲面或者空间中，直线是两点之间的最短的线。在平面几何中，这样的定义和我们熟悉的直线概念当然是互相契合的；在比较复杂的情况中，比如曲面，我们会得到一组和定义相符的线，它们在曲面上的作用和符合欧几里得定理的直线的作用一样。

为了避免出现一些误会，我们通常称在曲面上连接两点之间距离最短的线为短程线或测地线，这样叫是因为这个词是首先用于测地学（测量地球表面的学科）。

事实上，当我们提到纽约与旧金山之间的直线距离是多少时，指的是"向前直走，不用拐弯"，也就是说按照地球表面的曲率前进，而不是巨大的钻机从地球表面笔直地钻过去。

这种定义把"广义直线"或"短程线"描述为两点间最短距离的连线，也就给了我们如何做出这样一条线的准确方法：可以用一条绳子在两点之间拉紧。如果在平面上进行这项工作，将会得到一条普通的直线；如果在球面上进行这项工作，这根绳子会形成一个绷紧的大圆的弧，也就是短程线。

使用这种方法，还可以探究我们自己生活在其中的三维空间到底是平坦的还是弯曲的。我们只需要在空间内取三个点，然后把绳子扯紧，看看三个夹角相加是否为180°。不过在进行这项实验时，有两点要注意：

一是必须在非常大的范围内进行这项实验，因为曲面或弯曲空间的一小部分看起来也是很平坦的。我们肯定不能通过在某一户人家的后院进行测量而得到结果确定地球表面的曲率是多大！

二是空间或曲面并不是全部弯曲的，有一些地方也有可能是平坦的，因此整个部分都需要进行测量。

>>> 爱因斯坦的假设

爱因斯坦在创建广义弯曲空间的理论时，在理论中提出这样一个假设：在巨大质量附近的物理空间会弯曲，曲率会因质量变大而变大。

为了用实验验证这个假设，我们可以寻找一座大山，把三个木桩树立在环山上，用绳子在木桩之间拉起来，然后对三个木桩上绳子形成的夹角进行测量，如图40所示。哪怕你挑选了最高的山——喜马拉雅山，也只能得到一个结论：在允许存在测量误差的情况下，三个角相加的结果为180°。

图 40　在喜马拉雅山周围测量空间是否会弯曲

但是，这个结果并不能说明爱因斯坦的假设就是错误的，即空间在大质量物体附近并不会弯曲，因为即使是喜马拉雅山，虽然可以让周围的空间弯曲，但也有可能还没达到使用最精密的仪器就能测量出来的地步！想必大家还没忘记伽利略想用遮光灯来测定光速的失败尝试。

但是不要灰心，让我们重新来过。这次找个更大质量的物体，比如说太阳。

如果你在地球上定一个点，把一根绳子的一端拴在它上面，然后把这根绳子拽到一颗恒星的表面上，然后从这颗恒星出发，把绳子再拽到另一颗恒星上，最后再拽回地球上你定的点，并且需要确定太阳的位置在绳子形成的三角形的区域内。

这下肯定就没问题了。你就会知道，这个三角形的内角和与180˚之间有明显不同。如果你不能找到一条足够长的绳子，那么你可以用一束光线来代替这根绳子。因为在光学知识中认为：光走过的路线是最短的。

图41画的是测量光线夹角的实验原理。在对夹角进行观测时，S_1和S_2是两颗位于太阳两侧的恒星，这两颗恒星上发出的光线进入经纬仪里，可以通过仪器把夹角测量出来。然后，在太阳转到其他位置后再次进行测量。

图 41 测量光线夹角的实验原理

比较两次测量的结果，如果结果不一样，就可以证明太阳的质量对它周围空间的曲率是有影响的，因此就会让光线和原来的路径不同。

这个实验是爱因斯坦提出，用来验证他自己的理论的。参考图42中所画的和这种情况相似的二维情景，读者们可以更好地理解这一点。

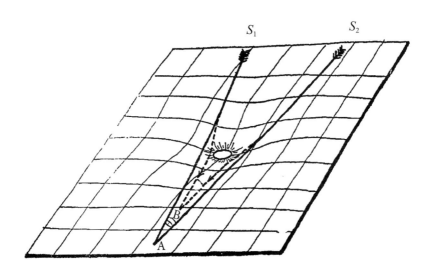

图 42　和在三维空间测量光线夹角实验相似的三维情景

在正常情况下很难进行爱因斯坦的实验，因为有一个非常明显的问题：太阳强烈的光芒让我们无法看到在它周围围绕的星星。只有在发生日全食的时候，月球挡住了太阳的光亮，我们才能在白天看到星光。

1919年，有一支来自英国的天文学队伍，到达了位于西非的普林西比群岛时，遇到了日全食的现象，他们在那里进行了实际的观测。

他们得到的结果是，分别测量两颗恒星有在太阳情况下和没有太阳情况下的角距离，这个数值相差（1.61″±0.30″）。而运用爱因斯坦的理论，计算出来的结果为1.75″。之后又观测了多次，得到的结果都很相近。

1.75″并不是一个很大的角度，但完全可以证明：太阳由于其巨大的质量，的确可以影响周围的空间，让它变得弯曲。假如用其他质量更大的恒星把太阳的位置替换掉，就会让我们熟知的"三角形内角和为180°"这个定理有几分或者几度的偏差。

一个内部观察者是需要一定的时间和不断的想象才能习惯三维弯曲空间这个概念的存在；不过一旦你选对了道路，这个概念就和那些经典的几何学概念一样清楚。

>>> 弯曲空间与万有引力

为了能够把爱因斯坦提出来的弯曲空间理论理解清楚，并把这个理论与万有引力之间的关系弄明白（也就是爱因斯坦广义相对论的基本内容），我们需要进行进一步探讨。

你应该记得，我们刚才在讨论三维空间，其实它只是会发生一切物理现象的四维时空世界的一小部分，因此当你看到三维空间发生了弯曲，就可以由此推断出更广阔的四维空间也发生了弯曲，而光线和物体运动对应的四维世界线，可以被看成超空间中的曲线。

从这个观点出发，爱因斯坦有了一个结论，这个结论非常重要：重力现象只是四维空间发生弯曲而产生的一种现象。因此，行星围绕太阳在圆形轨道上运动是因为它受到太阳的吸引力的古老的观点，现在判定它因过于陈腐而可以被丢弃了。

取而代之，更准确的说法是：太阳的质量让周围的时空世界发生弯曲。图30所示的行星的时空线其实就是从弯曲空间中通过的短程线。

因此，我们脑中将不会再有重力是独立力的概念。取而代之的是一个新概念：在一个纯粹的被其他物体的巨大质量所影响而形成的弯曲空间中，所有物体都是按照"最直的路线"，也就是短程线进行运动的。

4

开闭空间

你会发现，如果你不用力把这两块皮抻开或者让它们变得褶皱，它们是不能变成一张平面的。足球皮需要抻开，马鞍面被按压成褶皱；足球皮在边缘部分的面积太小，不足以将其展平，而马鞍皮的边缘又太多了些，不管怎么弄总要有些褶皱。

>>> 正曲率和负曲率

现在我们还需要简要讲解一下另一个在爱因斯坦时空几何学中的问题：宇宙是否有限。

一直到刚才，我们都在讨论当有大质量的物体存在时，它周围的空间会发生弯曲，就像宇宙是一张巨大的脸，这张脸上有很多"空间粉刺"冒了出来。

那么，如果不看这些局部的变化，整个宇宙的形状是什么样的呢，是平坦还是弯曲？如果整个宇宙是弯曲的，那它是如何进行弯曲的呢？

如图43，这张图中有3个二维空间是长了"粉刺"的。第一个二维空间是平坦的；第二个二维空间是符合"正曲率"的，也就是球面或者别的封闭空间中的几何面，这种面"弯曲"的方式在任何方向上都是一样的；第三个和第二个完全相反，在一个方向上，弯曲的方向向上，在另一个方向上，弯曲的方向向下，看起来像一个马鞍，被称为"负曲率"。

我们可以很容易弄清楚后两种弯曲方式。把足球上一块球皮割下来，再把马鞍上的一块皮也割下来，把它们都放在桌子上展开。

你会发现，如果你不用力把这两块皮抻开或者让它们变得褶皱，它们是不能变成一张平面的。足球皮需要抻开，马鞍面被按压成褶皱；足球皮在边缘部分的面积太小，不足以将其展平，而马鞍皮的边缘又太多了些，不管怎么弄总要有些褶皱。

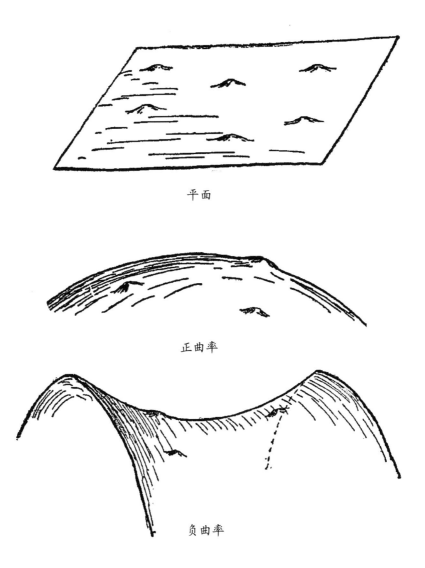

平面

正曲率

负曲率

图 43　三个长了"粉刺"的二维空间

>>> 正曲面和负曲面的性质

如果我们换个说法呢？假设在曲面上我们找到某一点，从这一点开始数距它1米、2米、3米等区域内有多少个"粉刺"。

我们会得出一个结果，在平面上，"粉刺"个数的增长方式像距离的平方那样进行，也就是1、4、9。在球面上，"粉刺"的个数增长速度要慢于平面上的；而在鞍形面上，这个速度会比平面上的速度快一点儿。

因此，在二维空间中生活的纸片科学家，虽然无法从外部世界观察自己生活的世界，但是可以对不同大小的圆内包含的"粉刺"数进行统计，同样可以了解它弯曲的程度。

在这里我们可以发现，正曲面和负曲面上的三角形的内角和大小不同。在前面一节中已经讲过，球面上的三角形的内角和总是比180°大。如果你在马鞍面上画三角形，就会发现它的内角和比180°小。

在曲面上观察得到的结果也可以用于三维空间中，结果如下表。

空间类型	在远距离存在的行为	三角形内角和	体积增长情况
正曲率（像是球面的物体）	自动封闭	大于180°	增长速度比半径的立方慢
平直（像是平面的物体）	无限延伸	等于180°	增长速度和半径的立方相等
负曲率（像是马鞍面的物体）	无限延伸	小于180°	增长速度比半径的立方快

这张表有实际的作用，它可以让我们对生活的宇宙空间进行研究，讨论其到底是有限的还是无限的。这个问题将在《从一到无穷大——宏观世界》第四章中研究宇宙的大小时另行讨论。